高等院校计算机教育系列教材

Python 语言程序设计实训
(第 2 版)(微课版)

刘立群　刘　冰　杨　亮　丁　茜　裴若鹏　编著

清华大学出版社
北京

内 容 简 介

"高级语言程序设计"是高校计算机基础教学的核心课程，它以高级编程语言为平台，介绍计算机程序设计的思想和方法，这门课程不仅为学生后续学习相关计算机课程打下基础，而且有助于学生理解基本的计算思想和方法，培养和训练他们利用计算机解决问题的基本能力。Python 语言因其具有语法简单、生态丰富、跨平台开发等优点，成为众多高校广泛开设的计算机语言课程，适合零编程基础的人员学习，也适合用户快速开发。

本书针对初学者的特点，采用实例式教学方式编写，注重知识与实践的结合。本书具有结构严谨、表述简洁、案例生动等特点，既强调基础理论、基本知识和基本技能的学习，又注重培养学生的创新能力。本书的相关资源丰富，包括教学视频、教学课件、教学大纲等立体化教学资源，以满足教师及学生的需求。

本书可以作为高等学校本科各专业及计算机相关专业学生的第一门计算机程序设计课程的教材，也可作为各类成人高等教育教学用书，以及相关人才的培训教材和自学用书。

图书在版编目(CIP)数据

Python 语言程序设计实训：微课版 / 刘立群等编著. -- 2 版.

北京 ：清华大学出版社, 2025. 2. -- (高等院校计算机教育系列教材).

ISBN 978-7-302-68133-5

Ⅰ. TP312.8

中国国家版本馆 CIP 数据核字第 2025M7D961 号

责任编辑：陈冬梅
封面设计：李　坤
责任校对：么丽娟
责任印制：宋　林
出版发行：清华大学出版社
　　　　网　　址：https://www.tup.com.cn, https://www.wqxuetang.com
　　　　地　　址：北京清华大学学研大厦 A 座　　　邮　　编：100084
　　　　社 总 机：010-83470000　　　　　　　　　邮　　购：010-62786544
　　　　投稿与读者服务：010-62776969, c-service@tup.tsinghua.edu.cn
　　　　质量反馈：010-62772015, zhiliang@tup.tsinghua.edu.cn
　　　　课件下载：https://www.tup.com.cn, 010-62791865
印 装 者：三河市东方印刷有限公司
经　　销：全国新华书店
开　　本：185mm×260mm　　　印　　张：10.75　　　字　　数：259 千字
版　　次：2021 年 2 月第 1 版　2025 年 2 月第 2 版　印　　次：2025 年 2 月第 1 次印刷
定　　价：35.00 元

产品编号：108268-01

前　　言

习近平总书记在中国共产党第二十次全国代表大会上的报告中明确指出，我们要办好人民满意的教育，全面贯彻党的教育方针，落实立德树人根本任务，培养德智体美劳全面发展的社会主义建设者和接班人，加快建设高质量教育体系，发展素质教育，促进教育公平。本书在编写过程中力求深刻领会党对高校教育工作的指导意见，认真执行党对高校人才培养的具体要求。随着信息技术的发展，它已经融入社会生活的各个方面，深刻影响着人们的生产、生活和学习方式。掌握基本的程序设计方法已成为当今信息社会对人才的基本能力要求。

"高级语言程序设计"是高校计算机基础教学的核心课程，它以高级编程语言为平台，介绍计算机程序设计的思想和方法，既可为学生后续学习相关计算机课程打下基础，也有利于帮助学生理解基本的计算思想和方法，培养和训练学生利用计算机求解问题的基本能力。

传统程序设计语言往往是为了兼顾性能而采用较为复杂的语法，这限制了程序设计语言作为普适计算工具在各学科专业的深入应用。Python 语言因其具有语法简单、生态丰富、跨平台开发等优点，成为一门重要的程序设计语言。Python 语言既适合零编程基础的人员学习，也适合用户快速开发，是众多高校广泛开设的计算机语言课程。

本书的读者对象主要是初涉编程的学生，本书可作为各类高等院校的第一门计算机程序设计课程的教材。全书共设 27 个实训任务，内容包括 Python 语言概述、数据类型和表达式、控制语句、数据结构、函数模块、文件处理、综合应用等。本书具有以下特色：一是知识结构合理，语言表述简洁，针对零基础学生使用，避免使用复杂的专业术语，知识结构符合人们的认知规律；二是案例联系实际，可操作性强，以培养学生实际应用能力为核心，选例注重趣味性和实用性；三是课程相关资源丰富，营造多维度立体化教学环境，配套教学视频、教学课件、教学大纲等立体化教学资源，可以满足教师及学生的需求。

本书由沈阳师范大学从事计算机基础教学的教师编写，书中的实践案例均为实际教学的积累和总结，同时参考了国内有关教材、著作以及网站公开内容和教学案例。在此向致力于 Python 语言普及的广大教师、科研工作者、程序员朋友们表示感谢！

因本书编者水平有限，书中难免存在不足和疏漏之处，恳请广大读者批评和指正。

编　者

目　录

实验一 Python 环境的安装与运行

知识目标

- 了解 Python 的安装与运行。
- 熟悉 IDLE 环境的使用方法。
- 掌握第三方库的获取与安装。

实验 1 Python 环境的安装与运行.mp4

能力目标

掌握软件下载与安装的常用方法。

素质目标

锻炼学生自主学习和探索的能力，提高自身信息技术素养。

 相关知识 ▾

IDE IDLE 第三方库 解释器

 实验要求

IDLE 是 Python 的官方集成开发和学习环境，它几乎具备了 Python 开发所需的所有功能，非常适合初学者使用，无须其他配置。安装 Python 后，IDLE 便自动安装完成。Python 有两种外部函数库即标准库和第三方库。标准库在 Python 安装后即可直接使用；第三方库则需要先安装才能使用。pip 是 Python 官方推荐的第三方库安装工具。

 操作步骤

1.1 Python 的下载与安装

1.1.1 下载 Python

(1) 打开 Python 官网下载页面(https://www.python.org/downloads/)，如图 1.1 所示。

(2) 选择适合的操作系统(以 Windows 版本为例)，如图 1.2 所示。

 小贴士

全国计算机等级考试二级 Python 语言的考试环境为 Windows 7 操作系统，建议使用 Python 3.5.3 至 Python 3.9.10 版本，IDLE 开发环境。

图 1.1　Python 官网下载页面

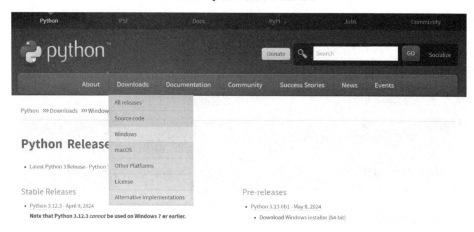

图 1.2　选择适合的操作系统

(3) 选择要下载的 Python 版本(以 3.8.3 版本为例)，如图 1.3 所示。

- Python 3.8.3 - May 13, 2020

Note that Python 3.8.3 *cannot* be used on Windows XP or earlier.

- Download Windows help file
- Download Windows x86 embeddable zip file
- Download Windows x86 executable installer
- Download Windows x86 web-based installer
- Download Windows x86-64 embeddable zip file
- Download Windows x86-64 executable installer ← 这是比较推荐的安装方式 点击可下载此安装文件
- Download Windows x86-64 web-based installer

图 1.3　Python 3.8.3 版本

小贴士

Python 下载文件说明：x86 代表 32 位，x86-64 代表 64 位。您可以选择以下三种不同形式的安装文件。

● embeddable zip file：可嵌入版本，可被嵌入其他应用中，无须在宿主系统上安装

Python，但需要通过特定方式在代码中调用解释器。

- executable installer：可执行安装文件(.exe)，下载后可在本机直接运行。
- web-based installer：基于网络的安装文件，运行后通过网络下载 Python。

(4) 下载完成的安装包如图 1.4 所示。

图 1.4　下载后的安装包

1.1.2　安装 Python

(1) 双击运行下载的可执行安装文件，如图 1.5 所示。

图 1.5　Python 安装界面

为了能够在 Windows 命令行窗口直接调用 Python 文件，在安装时，需要选中 Add Python 3.8 to PATH 复选框，然后单击 Install Now，即可在系统默认安装目录下安装。

(2) Python 安装进度界面如图 1.6 所示。

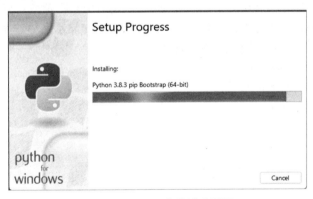

图 1.6　Python 安装进度界面

(3) Python 安装成功界面如图 1.7 所示。

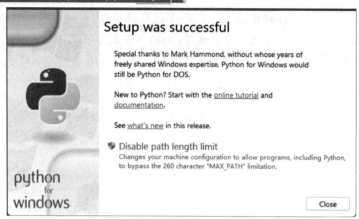

图 1.7　Python 安装成功界面

1.2　熟悉 IDLE 环境的使用

1.2.1　启动 IDLE

在 Windows 的"开始"菜单中选择"所有程序"→"Python 3.8"→"IDLE"(Python 3.8 64-bit)，如图 1.8 所示。(注：IDLE 的全称为 Integrated Development and Learning Environment，意为集成开发和学习环境)

```
File Edit Shell Debug Options Window Help
Python 3.8.3 (tags/v3.8.3:6f8c832, May 13 2020, 22:37:02) [MSC v.1924 64 bit (AMD64)] on win32
Type "help", "copyright", "credits" or "license()" for more information.
>>> |
```

图 1.8　IDLE 集成开发环境

1.2.2　环境设置与常用菜单

(1) 环境设置。单击 Options 菜单，选择 Configure IDLE 命令，弹出如图 1.9 所示的 Settings 对话框，可以在此设置 IDLE 环境的相关参数，如显示字体、字号等。将字号设置为"10"、加粗，单击 Ok 按钮后，查看环境的变化。

(2) "File"菜单如图 1.10 所示。

File 菜单中的常用命令如下。

- New File：新建文件。
- Open：打开文件。
- Open Module：打开模块。
- Recent Files：最近使用的文件。
- Save：保存。
- Save As：另存为。

(3) IDLE 环境下常用的快捷键如表 1.1 所示。

图 1.9　设置 Settings 对话框

图 1.10　File 菜单

表 1.1　IDLE 环境下常用的快捷键

快 捷 键	说　明
Alt+N/Alt+P	查看历史命令上一条/下一条
Ctrl+F6	重启 Shell，以前定义的变量全部失效
F1	打开帮助文档
Alt+/	自动补全前面曾经出现过的单词
Alt+3	将选中区域注释
Alt+4	将选中区域取消注释
Alt+5	将选中区域的空格替换为 Tab
Alt+6	将选中区域的 Tab 替换为空格
Ctrl+[/ Ctrl+]	缩进代码/取消缩进
Alt+M	打开模块代码，先选中模块，然后按此快捷键，会打开该模块的源代码
F5	运行程序

1.2.3 命令行执行方式

在提示符后面逐行输入命令，查看运行结果，如图 1.11 所示。

```
File Edit Shell Debug Options Window Help
Python 3.8.3 (tags/v3.8.3:6f8c832, May 13 2020, 22:37:02) [MSC v.1924 64 bit (AMD64)] on win32
Type "help", "copyright", "credits" or "license()" for more information.
>>> a=10
>>> b=20
>>> print(a,b)
10 20
>>>
                                                                                  Ln: 7 Col: 4
```

图 1.11　IDLE 命令行执行方式

在 Python 中有两种命令的执行方式：命令行执行方式和文件执行方式。启动 IDLE 即进入命令行执行方式。输入命令时 ">>>" 为提示符，在提示符后输入语句，Python 解释器(Shell)负责解释并执行该行命令，执行完毕后，新的一行又会出现提示符。

1.2.4 文件执行方式

文件执行方式是在解释器中创建程序文件(以.py 为扩展名)，然后调用并执行这个文件。

(1) 新建文件。在解释器中选择 File→New File 命令，新建一个文件，文件窗口如图 1.12 所示。

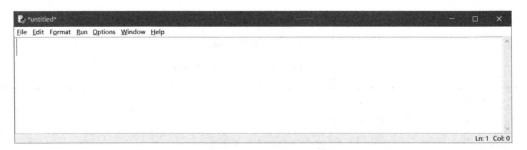

图 1.12　新建文件窗口

(2) 输入并保存。在文件中输入命令(见图 1.13)，选择 File→Save 命令，输入文件名 "实验 1.py"，将文件保存到"桌面"。

```
File Edit Format Run Options Window Help
a=10
b=20
print(a,b)

                                                                                  Ln: 4 Col: 0
```

图 1.13　实验 1.py 文件

（3）运行程序。选择 Run→Run Module 命令或按 F5 键运行程序(见图 1.14)，运行结果如图 1.15 所示。

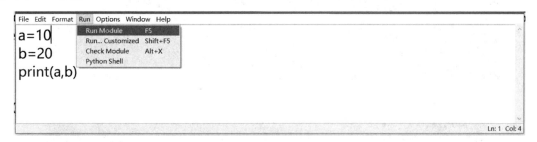

图 1.14　运行程序

图 1.15　程序运行结果

1.3　第三方库的获取与安装

1.3.1　使用 pip 安装

pip 是 Python 官方 pypi.python.org 提供并维护的在线第三方库安装工具。使用 pip 命令安装 Python 第三方库需要在命令提示符环境中进行。

（1）按 Win+R 组合键，弹出"运行"对话框，在"打开"文本框中输入 cmd 命令，如图 1.16 所示，然后单击"确定"按钮，打开命令窗口，如图 1.17 所示。

图 1.16　输入 cmd 命令

（2）按照如下命令安装 wyb 第三方库：

```
pip install wyb
```

执行该命令后，系统会通过网络下载 wyb 第三方库并进行安装，安装过程如图 1.18 所示。

图 1.17　命令窗口

图 1.18　使用 pip 命令安装 wyb 库

小贴士

如果 pip 的版本较低，尝试安装第三方库时会提示安装失败的情况，如图 1.19 所示。

```
WARNING: You are using pip version 19.2.3, however version 24.0 is available.
You should consider upgrading via the 'python -m pip install --upgrade pip' command.
```

图 1.19　安装第三方库时出错的错误信息

此时，需要升级 pip 版本后才能继续安装。升级 pip 命令如下:

```
python -m pip install --upgrade pip
```

(3) 查看系统中已经安装的第三方库。

使用 pip list 命令可以查看系统中已经安装的所有第三方库。

```
pip list
```

查询结果如图 1.20 所示。

```
C:\Users\admin>pip list
Package    Version
---------- -------
pip        24.0
setuptools 41.2.0
wyb        0.0.1
```

图 1.20　查询结果

1.3.3　卸载第三方库

使用 pip uninstall 命令可以卸载第三方库。以下命令用于卸载 wyb 库:

```
pip uninstall wyb
```

卸载过程如图 1.21 所示。

```
C:\Users\admin>pip uninstall wyb
Found existing installation: wyb 0.0.1
Uninstalling wyb-0.0.1:
  Would remove:
    c:\users\admin\appdata\local\programs\python\python38\lib\site-packages\wyb-0.0.1.dist-info\*
    c:\users\admin\appdata\local\programs\python\python38\lib\site-packages\wyb\*
Proceed (Y/n)? y
  Successfully uninstalled wyb-0.0.1

C:\Users\admin>pip list
Package    Version
---------- -------
pip        24.0
setuptools 41.2.0
```

图 1.21 卸载第三方库的过程

实验二　Python 的基本语法

IDLE 是开发 Python 程序的基本集成开发环境，其基本功能包括语法加亮、段落缩进、基本文本编辑、Tab 键控制和调试程序。本实验的第一个环节介绍 IDLE 的基本应用以及常见错误，第二个环节实现 Python 程序文件创建、保存和运行的整个过程。

2.1　体验命令行

(1) 启动 Python 的 IDLE 窗口，验证下面的语句。分别输入如下内容后按 Enter 键，观察结果。注意命令中的双引号为英文双引号。

```
>>> print("Hello World")    #print()用来输出指定的内容
>>> 3+4
>>> 2**3
>>> len("python")
```

小贴士

print 前面的三个大于号为提示符。print 后面语句的作用是在屏幕上输出括号中的内容，这里显示的是 "Hello World"。"#" 后面的内容是注释，在 Python 中显示为红色。

(2) 输入如下第一行内容后按 Enter 键，在提示信息后输入任意一个字母，例如"s"，并按 Enter 键，然后在下面一行提示符后输入"n"并按 Enter 键，观察结果。

```
>>> n=input("请输入一个字母")
请输入一个字母s
>>> n
```

input 语句的作用是获取用户从键盘输入的信息。这里的信息被保存在变量"n"中，即 n="s"。

(3) 输入如下两行后按 Enter 键，注意保留第二行的缩进，冒号是英文冒号，观察结果。

```
>>> for i in "python":
        print(i)
```

IDLE 有自动缩进的机制，即输入":"后，按 Enter 键会自动进行缩进。具有相同缩进的代码被视为代码块，":"表示代码块的开始。这里缩进的 print 语句从属于 for 循环语句。

运行结果如下：

```
p
y
t
h
o
n
```

2.2 体验程序文件

新建一个 Python 程序文件，实现"输入一段文字，竖行打印并统计字数"功能。
(1) 启动 IDLE 窗口，选择 File→New File 命令，在新文件窗口中输入以下内容：

```
'''输入一段文字，竖行打印并统计字数'''
文本=input("请输入一段文字:")        #在冒号后输入一段文字
长度=len(文本)                      #用 len()函数获取文本长度
for i in 文本:                      #用 for 循环实现纵向打印
    print (i)
print("您输入了",长度,"个字")        #打印结果
```

程序开头的三个单引号和每行语句后面的"#"，都是 Python 的注释符，起解释程序的作用。

(2) 选择 File→Save 命令,保存文件,文件名为"e2.1.py"。

(3) 选择 Run→Run Module 命令,运行程序文件,在提示信息的冒号后输入"你好 Python",观察结果。

 小贴士

IDLE 执行命令是单行执行,程序不能永久保存,主要用于简单的语法测试。程序文件可以永久保存,随时反复执行。Python 程序文件和我们平时使用的文件不同,不能直接在文件上双击打开,要在 IDLE 中选择 File→Open 命令打开。

运行结果如下:

```
请输入一段文字:你好 Python
你
好
P
y
t
h
o
n
您输入了 8 个字
```

(4) 选择 File→Open 命令,打开刚才创建的程序文件"e2.1.py",按下面的内容修改。选择 File→Save As 命令,另存为"e2.2.py"。运行程序并比较这两个程序的区别。

```
'''输入一段文字,竖行打印并统计字数'''
文本=input("请输入一段文字:") ; 长度=len(文本)
for i in 文本:print (i)
print("您输入了",长度,"个字")          #打印结果
```

运行结果如下:

```
请输入一段文字:你好 Python
你
好
P
y
t
h
o
n
您输入了 8 个字
```

 小贴士

两个程序的运行结果相同。后面程序的第二行"文本=input("请输入一段文字:") ; 长度=len(文本)",使用分号把两个简单语句放在同一行,虽然只有一行,但包含两条命令。第三行中的 for 语句和冒号后面的语句属于同一个逻辑行,所以可以直接放在同一行,算一条命令。

2.3　IDLE 常见错误

(1) 启动 Python 的 IDLE 窗口，验证下面的语句(注意在 print 的前面输入一个空格)：

```
>>> print(123)
```

后面会显示如下错误提示信息：

```
SyntaxError: unexpected indent
```

小贴士

出现"unexpected indent"这个错误的原因是出现了未知缩进，因为在 print 的前面加了一个空格，错误地使用了缩进。错误信息中出现"indent"这个单词，表示该错误跟缩进有关。Python 语言对于缩进的要求非常严格。

(2) 在 IDLE 窗口，验证下面的语句：

```
>>> print "你好"
```

后面会显示如下错误提示信息：

```
SyntaxError: Missing parentheses in call to 'print'. Did you mean print("你好")?
```

小贴士

这又是一个语法错误。括号是 print 命令必不可少的一部分，不能省略。提示信息中出现"SyntaxError"这个单词，表示该错误是语法错误，需要检查程序中的语法使用是否正确。

(3) 选择 IDLE 窗口，验证下面的语句。

```
>>> 3+"a"
```

后面会显示如下错误提示信息：

```
TypeError: unsupported operand type(s) for +: 'int' and 'str'
```

小贴士

"TypeError"表示类型错误，这里 3 和"a"属于不同的数据类型，所以不能相加。

实验三 turtle 库的使用

实验目标

知识目标

- 熟悉 Python 语言中标准库的导入语句。
- 掌握 turtle 库的基本绘图语句。
- 能够使用 turtle 库绘制基本图形。
- 了解 Python 语言中的 for 循环结构。

能力目标

能够正确使用绘图库函数，进行绘制图形的创作。

素质目标

绘图是具体到抽象的过程，培养主动探索的精神，锻炼创造力和想象力。

相关知识

导入语句 import 的用法　turtle 库中的绘图语句

本实验用到的主要函数如表 3.1 所示。

表 3.1　本实验用到的主要函数

命　　令	说　　明
forward(distance)	向当前画笔方向移动 distance 像素长度，可简写为 fd()
backward(distance)	向当前画笔方向的反方向移动 distance 像素长度，可简写为 bk()
circle(radius, extent,steps=N)	画圆，radius 为半径，可为正(负)，表示圆心在画笔的左边(右边)画圆；extent 为圆心角，省略该参数画完整的圆，添加该参数画圆弧；steps=参数，绘制内切于圆或者圆弧的 n 边形
speed(0-10)	设置画笔移动速度，由 1 到 10 依次加快，0 为最快速
right(degree)	按当前方向顺时针旋转 degree 度，可简写为 rt()
left(degree)	按当前方向逆时针旋转 degree 度，可简写为 lt()
setheading(angle)	设置当前朝向为 angle 角度，海龟初始正右方为 0°，可简写为 seth()
pendown()	落笔，移动海龟画笔时绘制图形，可简写为 pd()
penup()	提笔，移动海龟画笔时不绘制图形，可简写为 pu()或 up()
goto(x,y)	将海龟画笔移动到坐标为 x,y 的位置
clear()	清除画布上所绘制的图形，海龟画笔的位置和方向不变

续表

命　令	说　明
home()	设置当前海龟画笔位置为原点，指向正右方
pencolor(c)	设置海龟画笔颜色，括号内为颜色字符串或颜色代码
fillcolor(c)	设置填充颜色，括号内为颜色字符串或颜色代码
color(c1,c2)	c1 为画笔颜色，c2 为填充颜色，可同时设置
begin_fill()	设置开始填充位置
end_fill()	在上一个开始填充位置后绘制的图形中填充 fillcolor 指定的颜色
setup(width,height,left,top)	设置海龟窗口的宽度、高度和显示位置。width 和 height 为正数时代表像素，为小数时代表占显示器的百分比。省略 left 和 top 参数，窗口显示在屏幕正中
screensize(width,height,color)	设置画布宽度、高度和颜色
shape(形状参数)	设置海龟画笔的形状，默认为箭头，可以设置为 arrow、turtle、circle、square、triangle、classic 等形状
hideturtle()/showturtle()	隐藏/显示海龟画笔

 实验要求

　　turtle 库是 Python 重要的标准库之一，使用 turtle 库能够进行基本的图形绘制。简单来说，在一个画布窗口上，用 Python 命令模拟一个小海龟在爬行，海龟爬行的轨迹形成绘制的图形。本实验要求掌握 turtle 库中的函数命令。

 操作步骤

3.1　绘制基本图形

　　(1) 在 IDLE 中执行 Import turtle 命令，以导入 turtle 库中的所有函数。

　　(2) 在 IDLE 中执行以下命令(命令行方式)，绘制边长为 100 的正方形，如图 3.1(a)所示。

实验 3-1.1 绘制基本图形.mp4

实验 3-1.2 绘制基本图形.mp4

```
>>> import turtle            #导入 turtle 库中的所有函数
>>> turtle.forward(100)      # "海龟"向前行进100像素
>>> turtle.left(90)          # "海龟"向左转 90°
>>> turtle.forward(100)
>>> turtle.left(90)
>>> turtle.forward(100)
>>> turtle.left(90)
>>> turtle.forward(100)
>>> turtle.left(90)
```

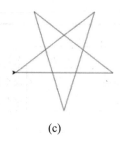

(a)   (b)   (c)

图 3.1   使用 turtle 绘制的 3 个图形

通过 import turtle 命令导入 turtle 库中的函数后，需要在函数名前加上"turtle."来使用库中的函数。其中，forward()可以让"海龟"前进指定像素的距离，也可以简写为fd()。同样，left()让"海龟"向左旋转一定的角度，可以简写为 lt()。与这两个函数功能相似的还有：backward()表示后退，right()表示向右旋转。各函数的功能和简写形式如表 3.1所示。

(3) 执行以下命令，绘制边长为 100 的正六边形，如图 3.1(b)所示。

```
>>> turtle.clear()          #清除画布上原有笔迹
>>> turtle.fd(100)
>>> turtle.rt(60)
>>> turtle.fd(100)
>>> turtle.rt(60)
>>> turtle.fd(100)
>>> turtle.rt(60)
>>> turtle.fd(100)
>>> turtle.rt(60)
>>> turtle.fd(100)
>>> turtle.rt(60)
>>> turtle.fd(100)
>>> turtle.rt(60)
```

小贴士

通过本实验中的步骤(2)和(3)可以看出，如果绘制一个规则的图形，可能有很多语句是重复执行的。这时可以使用循环语句 for 来简化程序的执行。例如，绘制正方形和正六边形的代码可以分别改写如下：

```
>>> for i in range(4):       #循环程序绘制正方形
        turtle.fd(100)
        turtle.lt(90)
```

```
>>> turtle.clear()           #循环程序绘制正六边形
>>> for i in range(6):
        turtle.fd(100)
        turtle.rt(60)
```

（4）执行以下命令，尝试填写空白处内容，绘制边长为 200 的五角星，如图 3.1(c) 所示。

```
>>> turtle.clear()
>>> for i in range(___?___):
        turtle.fd(200)
        turtle.left(___?___)
```

（5）绘制完成后，关闭海龟绘图窗口。

3.2 绘制不连续图形

（1）打开 IDLE，选择 File→New File 命令，新建一个名为"e3.2.py"的程序文件。

实验 3-2 绘制不连续图形.mp4

（2）在新程序窗口中编写以下程序，绘制数字"20"，如图 3.2 所示。

```
#e3.2
from turtle import *
pensize(4)          #设置笔粗为 4 像素
penup()             #抬笔，移动海龟时不绘制路线。也可写作 pu() 或 up()
goto(-100,100)      #移动海龟到指定坐标位置
pendown()           #落笔，使用绘图命令时产生路线。也可写作 down() 或 pd()
fd(100)
seth(270)
fd(100)
seth(180)
fd(100)
seth(270)
fd(100)
seth(0)
fd(100)             #以上绘制数字 2
penup()
goto(100,100)
pendown()
fd(100)
seth(270)
fd(200)
seth(180)
fd(100)
seth(90)
fd(200)
seth(0)             #以上绘制数字 0
```

图 3.2 数字"20"

(3) 保存程序并按 F5 键运行。

小贴士

使用 from turtle import *命令，可以导入 turtle 库中的所有函数，其中的 "*" 代表 "所有的函数"。此时使用这些函数时，可以省略 "turtle." 前缀。也可以使用 from…import命令从库中导入一个或多个指定的函数。

seth()函数同样是使海龟旋转角度的。与 left()和 right()不同，left()和 right()以当前海龟前进方向为基准，向其左或其右进行旋转；seth()则仅以正东方(X 轴正方向)为基准进行旋转，与其当前角度无关。也就是说，left()与 right()旋转的是相对角度，而 seth()旋转的是绝对角度。

3.3 绘制彩色同心圆

(1) 打开 IDLE，选择 File→New File 命令，新建一个名为 "e3.3.py" 的程序文件。

实验 3-3 绘制彩色同心圆.mp4

(2) 在新程序窗口中编写以下程序，绘制彩色同心圆图形，如图 3.3 所示。

```
# e3.3
from turtle import *
pensize(2)
speed(10)          #绘画加速
c=["red","yellow","blue","green","purple"]     #建立颜色列表 c，可自行添加颜色
for i in range(10):
    penup()
    pencolor(c[i % 5])       #依次设置海龟画笔颜色为颜色列表中的颜色
    goto(0,-10*i)            #每次画圆前，先移动绘图起点
    pendown()
    circle(10+i*10)          #画圆，半径依次增大 10 像素，即先画小圆，再画大圆
```

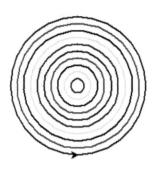

图 3.3　同心圆图形

(3) 保存程序并按 F5 键运行。

小贴士

变量 c 是一个列表数据类型，其中存放的是几种常用的画笔颜色的字符串序列。在Python 中使用字符串来表示颜色，支持绝大多数代表颜色的英文单词来表示不同的颜色。

(4) 修改程序，调整 pensize()和颜色列表的值，绘制一组具有不同颜色的实心圆，并将程序保存后运行。

3.4　绘制有填充效果的同心圆

实验 3-4　绘制有填充效果的同心圆.mp4

(1) 打开 IDLE，选择 File→New File 命令，新建一个名为"e3.4.py"的程序文件。

(2) 在新程序窗口中编写以下程序，绘制带有填充效果的同心圆，如图 3.4 所示。

```
#e3.4
from turtle import *
speed(0)
hideturtle()
c=["red","yellow","blue","green","purple"]
for i in range(10,0,-1):          #本例先画大圆，再画小圆
    penup()
    color(c[i % 5],c[i % 5])      #设置画笔颜色和填充颜色相同
    goto(0,-10*i)
    begin_fill()                  #准备开始填充
    pendown()
    circle(10+i*10)
    end_fill()                    #本次填充结束
```

图 3.4　带有填充效果的同心圆

小贴士

使用 color()函数可以同时设置画笔颜色和填充颜色。本例中，海龟画笔颜色和填充颜色的设置是相同的。

(3) 修改程序，画一组使用不同颜色填充的同心圆，并将程序保存后运行。

3.5　绘制彩色图案

实验 3-5　绘制彩色图案.mp4

(1) 打开 IDLE，选择 File→New File 命令，新建一个名为"e3.5.py"的程序文件。

(2) 在新程序窗口中编写以下程序，绘制彩色图案，如图 3.5 所示。

```
#e3.5
import turtle as t
from random import choice      #从 random 库中只导入一个 choice 函数
t.setup(400,400)              #设置海龟窗口为 400×400
t.screensize(400,400,"lightgreen")  #设置画布大小为 400×400，浅绿色
t.speed(0)
c=["red","yellow","green","blue","purple","azure"]
for i in range(100):
    t.pencolor(choice(c))     #设置画笔颜色为从颜色列表 c 中随机选出的一个颜色
    t.fd(i*2)
    t.left(___?___)           #在括号内填写 60、100、150，分别可产生图 3.5 中的三种图案
else:
    print("绘图完毕")          #循环执行完毕后，显示"绘图完毕"四个字
t.hideturtle()               #隐藏海龟箭头，让画面更加整洁
```

图 3.5　彩色图案

(3) 保存程序并按 F5 键运行。

使用 import turtle as t 可以为 turtle 模块起一个"别名"，在输入代码时，用"别名"代替 turtle 可以减少代码输入量，也可以提高代码的可读性。

选择 from random import choice 命令，从 random 库中只导入 choice()函数，该函数的作用是从列表中随机选择一个元素。使用 from…import…命令，可以从指定的库中导入一个或多个函数。

setup()函数用来设置绘图窗口的大小(以像素为单位)和位置，默认的绘图窗口大小与当前计算机屏幕显示分辨率有关，位置居于屏幕中心。screensize()函数用来设置画布的大小(以像素为单位)和背景色，默认画布的大小为 400 像素×300 像素。画布可以大于绘图窗口，此时绘图窗口会自动出现滚动条。

3.6　绘制中国结

创建程序文件"e3.6.py"，绘制一个中国结，完成效果和具体方法如图 3.6 所示。

说明

　　使用 turtle 绘制中国结，首先，绘制图案中的基本图形元素，本例是简笔画风格，主要由直线、圆弧、菱形组成，这样就可以将整体图形绘制分解为基本图形的绘制和拼接；其次，在 turtle 绘图坐标系中，精确地确定图形的位置、尺寸等数值；最后进行代码编写和调试运行，在此过程中要反复对代码进行优化和调整，最终完成作品的绘制。在此过程中能够体会由具体(图像)到抽象(形状)，由整体(完整)到拆分(模块)的过程。

图 3.6　绘制中国结

 小贴士

　　本例的中国结绘制分为三个部分：主体部分、顶端装饰和底端装饰。主体部分采用"一笔画"的形式，由起点开始连续绘制的直线和圆弧经过十次组合、两次变换方向，最终形成闭环。这样绘制的线条流畅、环环相扣，更好地体现了其无始无终的编织特点，也寓意着连绵不断、永恒不变的团圆与和谐，象征着家庭和睦、社会和谐。

　　画笔颜色采用"正红色"，是中国传统文化中极具代表性的颜色。"红色"象征着喜庆和吉祥；象征着生命力和活力；象征着人们对美好生活的向往和追求。

实验四　程序设计 IPO

相关知识　　　　　　　　　　　　　　　　　　　　　　　　　　　　❯

常量　变量　运算符　表达式　输入输出

本实验用到的主要函数如表 4.1 所示。

表 4.1　本实验用到的主要函数

eval(str [,globals[,locals]])	将字符串 str 当成有效的表达式来求值，并返回计算结果
input([prompt])	显示提示信息 prompt，并返回用户输入
print(value1, value2, ..., sep=' ', end='\n')	按指定格式输出各 value 的值，sep 为间隔符，end 为结束符，'\n'为回车符

 实验要求

　　在 IDLE 环境中，完成程序代码的输入、保存、调试和运行。熟悉程序的基本结构，熟练使用 Python 中的运算符和表达式，完成下面的程序设计任务。

　　Python 程序的基本框架可以概括为 IPO 结构，即数据输入(Input)、数据处理(Process)、数据输出(Output)。程序是用来求解特定问题的，而问题的求解都可以归结为计算问题，IPO 结构正是反映了实际问题的计算过程。

　　数据输入是问题求解所需数据的获取，可以用函数、文件等完成输入，也可以由用户输入。数据处理是对输入的数据进行运算。这里的运算可以是数值运算、文本处理、数据库操作等。可以使用运算符、表达式实现简单的运算，或者调用函数、方法完成复杂的运算。数据输出是显示输出数据计算的结果，有图形输出、文件输出等输出形式。

 操作步骤

4.1 计算身体质量指数(BMI)

小明在最近的体检中测得体重 94 公斤(kg)，身高 1.85 米(m)，请计算小明的 BMI 指数并给出健康提醒。

 说明

身体质量指数(Body Mass Index，BMI)，是国际上常用的衡量人体胖瘦程度以及是否健康的一个指标。该指标考虑了体重和身高两个因素，其计算公式为

BMI=体重÷身高^2 (体重单位：公斤；身高单位：米)

BMI 的标准范围因不同国家或地区的健康标准有所差异。在中国，BMI 的标准范围与国际上普遍认可的范围有所相似，但也有一些具体的差异。中国 BMI 标准范围如表 4.2 所示。然而，BMI 指数并不适用于所有人群，如运动员、孕妇、身体虚弱或久坐不动的老人等。此外，BMI 指数只是一个大致的参考标准，不能替代专业的医疗评估和诊断。

表 4.2 中国 BMI 标准范围

指 标	BMI	体重标准	健康状态
1	BMI<18.5	过轻	需要加强营养摄入
2	18.5≤BMI<24	正常	已经拥有健康的体重
3	24≤BMI<28	超重	需要注意控制体重
4	BMI≥28	肥胖	疾病风险将明显增加

(1) 新建文件。选择 File→New File 命令，打开程序窗口，如图 4.1 所示。

图 4.1 打开程序窗口

(2) 编写代码。

小明的 BMI 指数可计算为

$$BMI=94÷1.85^2= 27.465303$$

通过查表可知，对应指标为 3。编写代码如下：

```
#e4.1.1 小明的 BMI 计算器
体重 = eval(input("输入体重(kg)："))
身高 = eval(input("输入身高(m)："))
BMI = 体重 / 身高 ** 2          #注意此处"/"是除法运算，"**"是乘方运算
体重标准="超重"
健康状态="请注意控制体重！"
print("您的 BMI 指数为：%f\n 您的体重：%s\n 健康状态：%s"%(BMI,体重标准,健康状态))
```

编写代码时，注意其中的标点符号均为英文标点；"#"后面为注释语句，只是用来备注和说明，不会被执行。

常量是程序运行中其值不发生改变的量，变量是随着程序的运行其值会改变的量。"="为赋值符号。赋值语句先计算表达式的值，然后赋给变量。表达式是由运算符与常量、变量、函数等组成的式子。如代码中的"体重""身高""BMI""体重标准"和"健康状态"均为变量。

代码中用到了三个内置函数：input 是输入函数，用于获取用户的输入；print 是输出函数，用于显示表达式的值，"%"用来控制输出的格式；eval 函数用来提取出括号中的表达式，通常与 input 函数嵌套使用。

(3) 保存运行。选择 Run→Python Shell 命令，单击"确定"按钮，如图 4.2 所示。将文件保存到"桌面"上的"e4.1.1.py"，窗口中显示运行结果，如图 4.3 所示。

图 4.2　程序窗口运行和保存

图 4.3　程序运行界面

4.2　BMI 计算器

(1) 打开文件。选择 File→Open 命令，如图 4.4 所示，打开 "e4.1.py" 的程序窗口。

图 4.4　打开程序窗口

(2) 修改代码。使用 if 分支语句，为程序添加两个分支。代码如下：

```
#e4.2 双分支的BMI计算器
体重 = eval(input("输入体重(kg)："))
身高 = eval(input("输入身高(m)："))
BMI = 体重 / 身高 ** 2            #注意此处 "/" 是除法运算，"**" 是乘方运算
if BMI<18.5:
    体重标准="过轻"
    健康状态="需要加强营养摄入！"
elif BMI>=18.5 and BMI<24:
    体重标准="正常"
    健康状态="已经拥有健康的体重！"
print("您的BMI指数为：%f\n您的体重：%s\n健康状态：%s"%(BMI,体重标准,健康状态))
```

 小贴士

　　注意代码中的缩进要一致。Python 使用缩进表示代码块，同一代码块必须缩进相同。if 和 elif 语句一定要以英文标点的冒号 "：" 结束。代码中 "#" 后的内容为注释语句，可不用输入。

📖 说明

　　代码中有两个关系表达式 "BMI<18.5" 和 "BMI>=18.5 and BMI<24"。注意其中关系运算符大于等于(>=)、小于等于(<=)的表示方法。"and" 是逻辑 "与" 运算符，其他逻辑运算符还有 "或" 运算符 "or" 和 "取反" 运算符 "not"。

　　if…elif 语句形成两个分支，语句后面的关系表达式是分支的条件，if 语句判断关系表达式的值，仅当其值为逻辑 "True" 时，执行该分支下的语句。

(3) 保存并运行，结果如图 4.5 所示。

图 4.5　修改后的运行结果

说 明

此时输入体重 60，身高 1.70，则 BMI 指数为 20.76，对应指标为 2，程序执行第二个分支完成计算。

 思 考

在程序运行结果中，变量"BMI"和"体重标准"分别是什么数据类型？其他几个变量都是什么数据类型？程序中的哪些数据是字符串类型？哪些是布尔类型？

4.3 复利计算器

依据程序的 IPO 结构，使用输入输出函数和表达式，完成"复利计算器"程序，如图 4.6 所示。

图 4.6 运行结果

 说 明

复利计算器是把上一年度的利息加到下一年的本金来计算的。复利计息是相对于单利计息来说的，也就是一般所说的"利滚利"。

复利计算的公式为：

最终收益=本金×(1+年利率)^年期

(1) 新建文件。新建一个程序文件。

(2) 编写代码。完成复利计息的功能，请将下列代码中下划线部分补充完整：

```
#e4.3 复利计算器
本金=eval(input("您的本金:"))
年利率=____?____    #注意年利率应该为输入值的百分数，如 2.5%
存期=____?____
最终收益=____?____
print("最终收益：%f"%(最终收益) )
```

(3) 保存运行。运行无误后，将文件保存，文件名为"e4.3.py"。

 小贴士

算术运算符及其描述如表 4.3 所示。

表 4.3　算术运算符

运　算　符	描　述	运　算　符	描　述
+	加	%	取模
−	减	**	幂
*	乘	//	整除
/	除		

4.4　古尺计算器

依据程序的 IPO 结构，使用输入输出函数和表达式，完成"古尺计算器"程序设计。古代武侠小说里，形容人物的勇猛时，经常这样描述："此人身高八尺，威风凛凛"。"八尺"到底有多高？请同学们设计完成一个程序，用来实现古尺的转换计算。程序运行结果如图 4.7 所示。

图 4.7　运行结果

现代的 1 尺大约等于 33.3 厘米，但是根据洛阳汉墓出土的古尺推断，汉代的尺与现代的尺长度不同。据专家的测量分析，东汉时期的 1 尺约为 23.4 厘米。

(1) 新建文件。新建一个程序文件。
(2) 编写代码。自行编写代码，完成程序功能。

当输入的数据为字符时，直接使用 input 即可，不需要与 eval 函数嵌套。本例中的"人物"可以使用下面的语句：

```
name=input("人物:")
```

(3) 保存运行。运行无误后，将文件保存，文件名为"e4.4.py"。

《三国演义》中就有这样的描述：

　　刘备，字玄德，身长七尺五寸，两耳垂肩，双手过膝……

关羽，字云长，身长九尺，髯长二尺，面如重枣……

张飞，字翼德，身长八尺，豹头环眼，燕颔虎须……

想知道刘、关、张到底有多高吗？对三国中其他人物的身高也来算一算吧！

4.5 疯长的荷叶

现有一池塘，假设池中荷叶铺满整个池塘需要 30 天，按每天生长面积是前一天的 2 倍的速度生长，问：第 25 天时荷叶铺满池塘的多少分之一？运行结果如图 4.8 所示，程序文件保存为"e4.5.py"。

根据问题描述，分析数据的输入与输出，设计计算公式，完成计算。

图 4.8 运行结果

小贴士

"疯长的荷叶"的故事告诉我们，成功不仅需要明确的目标，更需要坚定的信心和持续的努力！在第 25 天的荷叶也仅仅只占了池塘的 1/32。那么，当你在学习上或在工作生活中，遇到困境想要放弃的时候，就一定要对自己说"再坚持一下"，因为很有可能你离目标很近，比你想象的要近得多！就像池塘中的荷叶，如果没有前面那些默默生长的日子，哪里会有最后满眼的荷塘春色！

实验五　表达式与内置函数

知识目标

- 熟悉 Python 的运算符和表达式。
- 掌握变量的赋值运算。
- 掌握内置函数的使用方法。

实验 5 表达式与内置函数.mp4

能力目标

能够正确理解和使用函数进行数据的计算与处理。

素质目标

体会代码封装与复用的思想，培养抽象思维习惯。

相关知识

表达式　赋值运算　内置函数

实验要求

在 IDLE 中，通过命令行方式，练习构造正确的 Python 表达式，并按要求完成特定计算。使用文件执行方式，通过编写代码，正确使用几个常用函数，完成海伦公式计算和进制转换的程序设计。

表达式是由常量、变量、函数和运算符组成的式子。常量是在程序运行中，其值不发生改变的数据对象。变量是在程序运行中，其值发生改变的数据对象。常量和变量按其值的类型分为整型、浮点型、字符串型和布尔型等。Python 的运算符分为算术运算符、关系运算符和逻辑运算符等。

变量通过 "=" 进行赋值。赋值方式有增量赋值、链式赋值和多重赋值。变量赋值的一般格式为：

<变量名>=<表达式>

其中，"=" 还有多种形式，如+=、-=、*=、/=、%=、**=、//=。

Python 函数分为内置函数、标准库函数和第三方库函数。内置函数是系统自动载入的函数，可直接使用。

操作步骤

5.1 变量的赋值

(1) 链式赋值。在命令行依次输入下面的语句后，将结果填写在横线处。

```
>>> a=100
>>> b=c=120                    #将120同时赋值给b,c
>>> a,b=b,a                    #交换a和b的值
>>> print(a,b,c)
执行上面的语句后，显示的结果为：_____。
```

(2) 增量赋值。在命令行依次输入下面的语句后，将结果填写在横线处。

```
>>> a,b=100,200
>>> a+=10                      #相当于a=a+10
>>> b*=10                      #相当于b=b*10
>>> print("a+b=",a+b)
执行上面的语句后，显示的结果为：_____。
```

(3) 多重赋值。在命令行依次输入下面的语句后，将结果填写在横线处。

```
>>> x=15
>>> y=12
>>> x,y=y,x+y
>>> z=x+y
>>> print(x,y,z)
执行上面的语句后，显示的结果为：_____。
```

5.2 构造表达式完成计算

使用 IDLE 的命令行方式可以即时计算表达式，并显示结果。如果正确输入运算符和表达式，IDLE 就可以当作计算器来使用。

(1) 测试表达式。在命令行输入下面语句，并在横线上填写语句执行的结果。

```
>>> x=5
>>> y=3
>>> 10+5**-1*abs(x-y)         #显示结果为_____
>>> 5**(1/3)/(x+y)            #显示结果为_____
>>> divmod(x,y)              #显示结果为_____
>>> int(pow(x,x/y))          #显示结果为_____
>>> round(pow(x,x/y),4)      #显示结果为_____
>>> sum(range(0,10,2))       #显示结果为_____
>>> 100//y%x                 #显示结果为_____
>>> x>y and x%2==0 and y%2==1 #显示结果为_____
```

 小贴士

Python 运算表达式中的乘号不能省略。例如，数学表达式 "c=ax+by" 的正确表示方

法为"c=a*x+b*y"。运算符"**""%""//"分别表示指数、取模和整除。表达式中只能通过小括号"("")"来改变运算顺序,不支持大括号"{ }"和中括号"[ ]"。本例中的相关函数请参考表 5.1 所示的内置函数功能说明。

表 5.1 内置函数功能说明

函 数 名	功 能
abs(x)	求绝对值。参数可以是整型,也可以是复数
chr(x)	返回整数 x 对应的 unicode 码
divmod(a, b)	返回一个由商和余数构成的元组。参数可以为整型或浮点型
hex(x)	将整数 x 转换为十六进制数
int([x])	将十进制数值取整(截去小数部分)
oct(x)	将一个数字转化为八进制数
ord(s)	返回单个字符的 unicode 码,返回值是一个整数
pow(x, y[, z])	返回 x 的 y 次幂
range([start], stop[, step])	产生一个序列,默认从 0 开始
round(x[, n])	将 x 进行四舍五入
sum(iterable[, start])	对集合、元组、列表求和

(2) 构造表达式。新建一个程序文件,按下面的算法编写合法的 Python 语句和表达式。要求运行程序后,能够正确完成计算,运行结果如图 5.1 所示。将程序文件保存为"e5.1.py"。

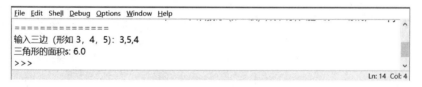

图 5.1 程序运行结果

程序算法如下:

若三角形的边长 a、b、c 分别为 3、4、5,

p 为周长的一半,即 $p = \dfrac{a+b+c}{2}$。

三角形的面积 s: $s = \sqrt{p(p-a)(p-b)(p-c)}$。

小贴士

将算法中的每一行用一条或多条 Python 语句来表示。首先要为变量 a、b、c 赋初值,然后通过表达式运算求得 p 的值,最后显示输出 s 的值。

5.3 进制转换器(十转他)

在表 5.1 中选择合适的内置函数,编程实现"进制转换器"。要求:输入任意一个十进制的整数后,输出对应的二进制、八进制和十六进制数。程序运行结果如图 5.2 所示。

图 5.2 程序运行结果

(1) 进制转换的相关函数如表 5.2 所示。

表 5.2 进制转换的相关函数功能及实例

函 数 名	功能及实例
int(x)	将十进制数取整。例如,int(101.65)的值为 101
int(x,base)	将 base 进制的合法的整数字符串转换为十进制整数。例如,int('101',2)的值为 5,int('101',8)的值为 65,int('101',16)的值为 257
bin(x)	将十进制整数转换成二进制数字字符串。例如,bin(255)的值为'0b11111111'
oct(x)	将十进制整数转换成八进制数字字符串。例如,oct(255)的值为'0o377'
hex(x)	将十进制整数转换成十六进制数字字符串。例如,hex(255)的值为'0xff'

(2) 编写代码。新建文件,输入下面的代码,并将代码补充完整。

```
#e5.2 进制转换器,十进制转其他进制
x=eval(input("输入一个十进制整数:"))
x2=_____?_____
x8=_____?_____
x16=_____?_____
print('二进制数为:%s\n 八进制数为:%s\n 十六进制数为:%s'%(_____?_____))
```

小贴士

这里的变量 x2、x8 和 x16 分别表示 x 的二进制、八进制和十六进制数。print 函数中的"%s"是字符串型数据的占位符,"\n"表示回车换行。

(3) 运行程序,将文件保存为"e5.2.py"。

5.4 进制转换器(他转十)

在表 5.1 中选择合适的内置函数,编程实现"进制转换器"。要求:输入数的进制和一个整数后,显示输出对应的十进制数。程序运行结果如图 5.3 所示。

(1) 新建文件。

(2) 编写代码。输入下面的代码，并将代码补充完整。

```
#e5.3 进制转换器，其他进制转十进制
base=eval(input('输入转换的数的进制是：'))
x=input('输入一个整数：')
x10=____?____                        #x10 存放十进制数
print('%d 进制的"%s"对应的十进制数为：%d'%(____?____))
```

(3) 运行程序。将文件保存为"e5.3.py"。

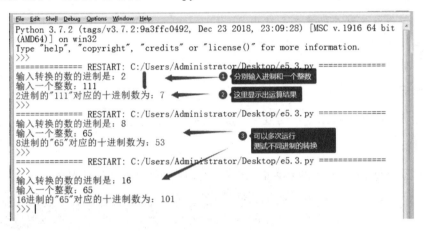

图 5.3　程序运行结果

实验六　常用标准函数库

实验目标

知识目标

- 理解标准函数库的导入和使用。
- 掌握 random 库、time 库的用法。
- 了解 math 库函数的使用。

能力目标

理解标准库函数和第三方库的概念，提高抽象思维能力。

素质目标

通过学习 Python 生态，体会其中蕴含的"共享"和"开源"的理念。

相关知识 ⌄

随机数函数(random)　　时间函数(time)　　数学库函数(math)

实验要求

　　在 IDLE 命令行方式下，通过语句掌握标准函数库函数的格式和功能，熟练掌握几个标准库函数的使用，并编程完成几个具有特定功能的程序设计任务。

　　Python 中的函数就是一段完成某个运算的代码的封装。Python 函数分为内置函数、标准库函数和第三方库函数。丰富的库函数是 Python 区别于其他编程语言的主要特征，是快速求解问题和提高编程效率的主要工具。标准库函数和第三方库函数，使用前需要使用 import 语句导入。

实验 6-1.1 随机函数.mp4

6.1　随机数函数(random)

6.1.1　测试相关函数的功能

在 IDLE 命令行输入下面的语句，并在横线上填写结果。

```
>>> #e6.1.1
>>> import random as r
```

```
>>> r.seed(100)              #以 100 为种子生成随机数的一个序列
>>> r.random()               #[0.0,1.0]区间的随机浮点数,此次生成_____
>>> r.randint(10,50)         #[10,50]之间的随机整数,此次生成_____
>>> r.randrange(10,50,5)     #range(10,50,5)的随机整数,此次生成_____
>>> r.uniform(10,50)         #[10,50]之间的随机浮点数,此次生成_____
>>> r.choice('123456')       #从序列中随机挑选 1 个元素,此次生成_____
>>> r.sample('0123456789',2)  #从序列中随机挑选 2 个元素,此次生成_____
>>> r.getrandbits(4)         #生成一个 4 位长的随机整数,此次生成_____
>>> list=[1,2,3,4,5]
>>> r.shuffle(list)          #将序列元素随机排序
>>> list                     #排序后的序列为_____
```

　　seed(100)以 100 为种子生成一个固定的随机数序列,之后的 random()会按顺序取出这个序列中的随机数。当仅使用 seed()时,默认以系统时间为种子,此时的随机数序列是随时间变化的。

思考

　　我们为什么要设置 seed()函数的种子呢?默认的系统时间岂不是更好?
　　当我们希望生成的随机数能够复现的时候,就需要设置 seed()函数的种子。

6.1.2　编写"随机绘图"程序

　　新建文件,输入下面的代码。运行无误后,将文件保存为"e6.1.2.py"。程序运行结果如图 6.1 所示。

实验 6-1.2 随机绘图.mp4

```
#e6.1.2 home 出发五彩星星
import random as r
import turtle as t
t.speed(0)
col=["red","yellow","blue","green","purple"]   #建立颜色列表 C
for i in range(1,100):
    x=r.randint(1,100)
    c=r.choice(col)
    t.pencolor(c)
    t.circle(x,steps=5)
```

　　程序中圆半径的区间范围是____,绘制的多边形个数是____,每个多边形的起点坐标为____。

小贴士

　　t.circle(x,steps=5)语句表示绘制以 x 为半径的圆的一个内接五边形。参数 steps=N,表示绘制内接于圆的 N 边形。t.speed(n)用来设置绘图的速度,由 1 到 10 依次加快,0 为最快速。

6.1.3 编写五彩万花筒程序

新建文件，参考下面的程序模板，完成绘制随机五彩万花筒的程序，程序的运行结果如图 6.2 所示。运行无误后，将文件保存为"e6.1.3.py"。

```
#e6.1.3 随机五彩万花筒
import random as r
import turtle as t
t.speed(0)
col=["red","yellow","blue","green","purple"]    #建立颜色列表 C
for i in range(1,100):
    x=r.randint(1,10)
    c=r.choice(col)
##===请在下面填写代码=========
? ?
##==========================
    t.pencolor(c)
    t.circle(x,steps=5)
```

图 6.1　home 出发五彩星星

图 6.2　随机绘制五彩万花筒

绘制随机五彩万花筒的关键是在绘制每个五边形时，绘制的起点坐标为随机数函数，可以通过随机数函数生成一组随机坐标。

调整程序中的各个参数，看看五彩万花筒有什么变化。

6.1.4 编写程序

新建文件，参考下面的程序模板，完成如图 6.3 所示的"随机数求和"程序。运行无误后将文件保存为"e6.1.4.py"。

```
#e6.1.4 随机数求和
import random as r
num=int(input('输入位数:'))
final=0
for i in range(num):
    rnum = r.randint(0,9)
    final=final+rnum**3
    print(rnum)
print('数字的立方和:',final)
```

图6.3 程序运行结果

6.2 时间函数(time)

6.2.1 测试相关函数的功能

在 IDLE 命令行输入以下语句，测试函数的功能，并在横线上填写实际运行结果。

```
>>> #e6.2.1
>>> import time
>>> time.time()                              #返回当前系统时间的时间戳，显示结果为_____
>>> t=time.localtime()                       #返回当前本地时间的时间元组
>>> t[0],t[1],t[2]                           #时间元组中的元素，显示结果为_____
>>> time.asctime()                           #以标准格式显示当前系统时间，显示结果为_____
>>> fmt1='%Y-%m-%d'                          #定义时间格式字符串 fmt1
>>> fmt2='%Y-%m-%d %X'                       #定义时间格式字符串 fmt2
>>> time.strftime(fmt1,t)                    #以 fmt1 的格式显示时间 t，显示结果为_____
>>> time.strftime(fmt2,t)                    #以 fmt2 的格式显示时间 t，显示结果为_____
>>> t1=time.strptime("2008-08-08",'%Y-%m-%d')   #北京奥运会的时间元组 t1
>>> t1[6],t1[7]                              #t1 在本星期中的天数和当年中的天数，显示结果为_____
```

小贴士

在此例中，t 是一个时间元组，通过元素序号可以访问元组中的元素，其中，t[0]表示 t 的第一个元素，即年份。fmt1 和 fmt2 是两个时间格式字符串，用于控制时间元组的显示样式。

6.2.2 编写程序

(1) 新建文件，参考以下程序模板，完成一个如图 6.4 所示的标准时间格式的"签到打卡机"程序。运行无误后，将文件保存为"e6.2.2.py"。

```
#e6.2.2 签到打卡机1.0
import time as t
时间格式='%Y-%m-%d'                          #时间格式字符串
xh=input("请输入学号：")
t1=t.localtime()                            #t1=当前时间的时间元组
print('当前日期：',t.strftime(时间格式,t1))   #显示当前日期
print (xh,"号",t.asctime(),"打卡")           #以标准字符格式显示时间元组
```

图 6.4 标准时间格式的"签到打卡机"程序

(2) 参考以下程序模板，完成一个如图 6.5 所示的自定义时间格式的"签到打卡机"程序。运行无误后，将文件保存为"e6.2.3.py"。

```
#e6.2.3 签到打卡机 1.0(自定义时间格式)
import time as t
时间格式='%Y-%m-%d'                        #时间格式字符串
时间格式1='____?____'
xh=input("请输入学号：")
t1=t.localtime()                          #t1=当前时间的时间元组
print('当前日期：',t.strftime(时间格式,t1))   #显示当前日期
print (xh,"号",t.strftime(__?__,__?__),"打卡")
```

图 6.5 自定义时间格式的"答到打卡机"程序

(3) 新建文件，参考以下程序模板，完成一个如图 6.6 所示的"生日计算器"程序。运行无误后，将文件保存为"e6.2.4.py"。

实验 6-2.3 时间函数-生日计算器.mp4

```
#e6.2.4 生日计算器
import time as t
fmt='%Y-%m-%d'
fmt1='%Y-%m-%d %A'
print('生日计算器：想知道你的生日是星期几吗？')
birth=input("请输入你的生日(YYYY-mm-dd)：")
t1=t.strptime(birth,___?__)
print ("你的生日为：",t.strftime(__?___,__?_))
```

图 6.6 "生日计算器"程序

6.3 数学函数(math)

6.3.1 测试相关函数的功能

在 IDLE 命令行输入以下语句，测试函数的功能，并在横线上填写实际运行结果。

```
>>> #e6.3.1
>>> import math
>>> math.exp(1)            #返回 e 的 x 次幂，显示结果为_____
>>> math.fmod(7,4)         #返回 x/y 的余数(浮点数)，显示结果为_____
>>> math.sqrt(4)           #返回数字 x 的平方根(浮点数)，显示结果为_____
>>> math.ceil(4.9)         #对 x 向上取整，显示结果为_____
>>> math.floor(4.9)        #对 x 向下取整，显示结果为_____
>>> a=math.radians(45)     #将角度转换为弧度
>>> b=math.radians(30)     #将角度转换为弧度
>>> math.sin(a)            #返回 a(弧度)的正弦值，显示结果为_____
>>> math.cos(b)            #返回 b(弧度)的余弦值，显示结果为_____
>>>
```

6.3.2 编写程序

根据图 6.7 所示的大楼和条幅 AB 的位置关系，小明在 F 点测得条幅顶部 A 的仰角为 35°，在地面 D 点测得条幅底部 B 的仰角为 49°。已知，FE=10 米，EC=30 米，ED=20 米。编写程序计算条幅的长度(保留 2 位小数)。运行无误后，将文件保存为"e6.3.2.py"。

图 6.7 计算条幅长度

新建文件，完成"计算条幅长度"程序。本程序不需要用户输入，运行后直接显示结果，输出格式如图 6.8 所示。

```
File Edit Shell Debug Options Window Help
Python 3.7.2 (tags/v3.7.2:9a3ffc0492, Dec 23 2018, 23:09:28) [MSC v.1916 64 bit
(AMD64)] on win32
Type "help", "copyright", "credits" or "license()" for more information.
=============== RESTART: C:/Users/Administrator/Desktop/条幅.py ===============
经过计算AC长度为31.01米
BC长度为11.50米
条幅的长度约为19.50米
>>>
```

图 6.8 "计算条幅长度"程序

小贴士

math 中常用的三角函数如表 6.1 所示。

实验 6-3 标准库函数-
math 函数.mp4

表 6.1   math 中常用的三角函数

函 数 名	功 能	实 例
math.radians(a)	将角度 a 转换为弧度	>>> math.radians(30) 0.5235987755982988
math.sin(x)	返回 x(弧度)的正弦值	>>> math.sin(math.radians(30)) 0.49999999999999994
math.cos(x)	返回 x(弧度)的余弦值	>>> math.cos(math.radians(45)) 0.7071067811865476
math.tan(x)	返回 x(弧度)的正切值	>>> math.tan(math.radians(60)) 1.7320508075688767
math.atan(x)	返回 x 的反正切值	>>> math.atan(1.7320508075688767) 1.0471975511965976

实验七　程序的分支与选择

实验目标

知识目标

● 理解程序中的分支结构概念。
● 掌握不同分支结构语句的实现方法。

能力目标

培养运用分支结构分析和解决问题的能力。

素质目标

提升问题的抽象和分析能力。培养逻辑思维和结构化思维方式。

实验 7 程序的分支与选择.mp4

相关知识

程序结构　单分支　双分支　多分支

实验要求

在了解结构化程序设计思想的基础上，通过对 if 语句的学习，掌握 Python 中几种分支结构的实现方法。编程完成以下程序设计的任务。

高级语言的程序设计通常包含三种基本结构：顺序结构、分支结构(选择结构)和循环结构。顺序结构是指程序按照语句的书写顺序从第一条语句开始执行，直到最后一条语句结束，每个语句都会被执行且仅被执行一次。分支结构是指程序根据某一条件选择执行满足条件的一个分支，不满足条件的语句会被跳过而不被执行。

操作步骤

7.1　三角形面积计算器

"e5.1.py"程序的功能是计算边长为 3、4、5 的三角形的面积。以下是修改后的程序，使其能够计算任意三角形面积。

程序要求：输入任意的三角形三边边长，当三边能够组成三角形时，计算并显示其面积。三边不能组成三角形时，提示"输入错误，程序结束!"。运行结果如图 7.1 所示。

海伦公式描述：公式中 a、b、c 分别为三角形三边的边长，p 为半周长，s 为三角形的面积。

$$s = \sqrt{p(p-a)(p-b)(p-c)}$$

图 7.1　运行结果

三角形的性质：任意两边之和大于第三边。这一性质可以作为判断三边是否可以构成三角形的条件。

说明

海伦公式是由古希腊数学家阿基米德提出的，此公式称为海伦公式，是因为这个公式最早出现在海伦的著作《测地术》中，并在其著作《测量仪器》和《度量数》中给出证明。中国宋代的数学家秦九韶在 1247 年独立提出了"三斜求积术"，虽然它与海伦公式形式上有所不同，但其本质上与海伦公式等价，填补了中国数学史中的一个空白，从中可以看出中国古代已经具有很高的数学水平。

以下是程序修改步骤。

(1) 打开程序文件"e5.1.py"。

(2) 修改并完善以下代码：

```
#e7.1 使用海伦公式求三角形面积
a,b,c=eval(input("输入三个边长: "))
if (a+b)>c and (a+c)>b and (b+c)>a:
    p=(a+b+c)/2
    s=pow(p*(p-a)*(p-b)*(p-c),0.5)
    print('三边为: ',a,b,c)
    print('三角形的面积为: ',s)
else:
    print('输入错误，程序结束! ')
```

(3) 保存并运行程序，将程序另存为"e7.1.py"。

7.2　完整的 BMI 计算器

修改"e4.2.py"，完成一个完整的"体重指数计算器"。运行结果如图 7.2 所示。

```
File Edit Shell Debug Options Window Help
Python 3.7.2 (tags/v3.7.2:9a3ffc0492, Dec 23 2018, 22:20:52) [MSC v.1916 32 bi
t (Intel)] on win32
Type "help", "copyright", "credits" or "license()" for more information.
>>>
==================== RESTART: F:/e7.2.py ====================
输入体重（kg）：50
输入身高（m）：1.6
您的BMI指数为：19.531250
您的体重：正常
健康状态：已经拥有健康的体重！
>>>
==================== RESTART: F:/e7.2.py ====================
输入体重（kg）：50
输入身高（m）：1.7
您的BMI指数为：17.301038
您的体重：过轻
健康状态：需要加强营养摄入！
>>> |
                                                                    Ln: 17 Col: 4
```

图 7.2　"体重指数计算器"程序运行结果

(1) 打开程序文件"e4.2.py"。程序代码如下：

```
#e4.2 双分支的BMI计算器
体重 = eval(input("输入体重(kg)："))
身高 = eval(input("输入身高(m)："))
BMI = 体重 / 身高 ** 2            #注意此处"/"是除法运算，"**"是乘方运算
if BMI<18.5:
    体重标准="过轻"
    健康状态="需要加强营养摄入！"
elif BMI>=18.5 and BMI<24:
    体重标准="正常"
    健康状态="已经拥有健康的体重！"
print("您的BMI指数为：%f\n 您的体重：%s\n 健康状态：%s"%(BMI,体重标准,健康状态))
```

(2) 修改并完善上面的代码，使之能够完成 4 个级别的 BMI 计算(见表 7.1)。

表 7.1　中国 BMI 标准范围

指　标	BMI 指数	体重标准	健康状态
1	BMI<18.5	过轻	需要加强营养摄入
2	18.5≤BMI<24	正常	已经拥有健康的体重
3	24≤BMI<28	超重	需要注意控制体重
4	BMI≥28	肥胖	疾病风险将明显增加

(3) 保存并运行程序。将程序另存为"e7.2.py"，并使程序运行正确无误。

> **小贴士**
>
> 　　完整的"BMI 计算器"需要完成表中 4 个指标的计算，代码需要 4 个分支来完成。if…elif…else 语句可以实现多分支的程序结构。

7.3　水费计算器

编写程序，根据用水量(w 吨)计算水费(x 元)。设某单位的水费分段收取，具体计算的

标准为

$$\begin{cases} w \leqslant 10吨 & 0.32元/吨 \\ 10 < w \leqslant 20吨 & 0.64元/吨 \\ w > 20吨 & 0.96元/吨 \end{cases}$$

程序要求：输入用水量，程序根据水费标准计算并显示应交水费(元)。

(1) 新建程序文件。

(2) 编写代码，实现水费计算器。程序运行结果如图 7.3 所示。

(3) 保存并运行程序。将程序保存为"e7.3.py"。

 思 考

在 print 语句中使用什么方法，能使程序运行结果保留两位小数？

图 7.3　程序运行结果

实验八　程序的简单循环结构

知识目标

- 掌握 range 函数产生的数字范围。
- 熟悉 for 语句的单循环结构。
- 熟悉 while 语句的单循环结构。

能力目标

能够理解几种程序算法，培养抽象思维和算法思维。

素质目标

循环是重复并逼近目标的过程，体现了坚持不懈和勇于实践的精神。

相关知识

for 循环结构的基本用法　while 循环结构的基本用法

掌握 for 循环和 while 循环的基本用法，掌握 range()函数产生的数字范围，了解两种循环结构的特点和使用场合。

8.1　两种求和方法

用两种方法求 1~100 中所有奇数的和及所有偶数的和。

(1) 打开 IDLE，选择 File→New File 命令，创建一个新程序文件"e8.1_1.py"。

(2) 在新程序窗口中输入以下代码：

实验 8.1 求 100 以内的
奇数和以及偶数和.mp4

```
#e8.1_1
sum1,sum2=0,0
for i in range(1,101,2):
    sum1=sum1+i
for i in range(2,101,2):
    sum2+=i
```

```
print("奇数和为%d" % (sum1))
print("偶数和为%d" % (sum2))
```

(3) 保存程序文件并按 F5 键运行。

 小贴士

为了方便观察，本实验使用了两个 for…in 循环分别计算奇数和及偶数的和，仅 range() 函数构造的数字范围不同。也可以使用一个循环结合 if 分支结构来解决这个问题。

(4) 新建程序文件 "e8.1_2.py"，输入以下代码：

```
#e8.1_2
sum1,sum2=0,0
for i in range(1,101):
    if i%2==1:
        sum1=sum1+i
    else:
        sum2+=i
print("奇数和为%d" % (sum1))
print("偶数和为%d" % (sum2))
```

(5) 保存程序文件并按 F5 键运行。

 小贴士

在第二个例子中，我们使用 for 循环构造一个范围，并利用 if 分支来选择符合条件的数字。这种方法更具通用性，可以用来解决类似 "列出 100 到 300 之间能同时被 3 和 5 整除的数字" 或 "输入两个数字，列出这两个数字之间的所有数字和" 等问题。

8.2 判断一个素数

输入一个正整数，判断该数字是否为素数。

(1) 在 IDLE 中，选择 File→New File 命令，创建一个新程序文件 "e8.2.py"。

(2) 在新程序窗口中输入以下代码：

实验 8.2 判断是否是素数.mp4

```
#e8.2 输入一个数字，判断其是否为素数
n=eval(input("请输入一个大于 1 的整数："))
is_prime=True
for i in range(2,n//2+1):
        if n % i==0:is_prime=False
if is_prime==True:
    print("您输入的数字是%d，它是一个素数"%(n))
else:
    print("您输入的数字是%d，它不是一个素数"%(n))
```

(3) 保存程序并按 F5 键运行。

输入一个数字 n 后，程序首先设定一个初始值为 True 的逻辑变量 is_prime，假设用户输入的数字是素数。在循环中构造一个范围[2，输入值的一半]，如果 n 能够整除任何的循环变量 i，说明 n 不是素数，将 is_prime 设置为 False。循环结束后，根据 is_prime 的值是初始的 True，还是被改写的 False，即可以知道输入的数字 n 是否为素数。

8.3 绘制菱形

(1) 打开 IDLE，选择 File→New File 命令，创建一个新程序文件 "e8.3.py"。
(2) 在新程序窗口中输入以下程序代码，以绘制如图 8.1 所示的图案。

```
#e8.3 绘制菱形
for i in range(1,6):
    print(" "*(5-i)+"@"*(2*i-1))
for j in range(1,5):
    print(" "*j+"@"*(9-2*j))
```

```
        @
       @@@
      @@@@@
     @@@@@@@
    @@@@@@@@@
     @@@@@@@
      @@@@@
       @@@
        @
```

实验 8.3 绘制由 9 行"@"符号组成的菱形.mp4

图 8.1 菱形符号

(3) 保存程序并按 F5 键运行。

菱形由 9 行组成，每行由空格和不同数量的 "@" 符号组成。若将菱形分为上三角和下三角两个部分来输出，可以根据表 8.1 中的规律：在上三角形中，共有 5 行，i 代表行号，每行的空格数加行号等于 5，而 "@" 符号数等于 2*i-1；在下三角形中，共有 4 行，j 代表行号，每行的空格数与行号相等，"@" 符号数加行号等于 9-2*j。

表 8.1 菱形的两个三角形中各行数量关系

上 三 角			下 三 角		
行 号	空 格 数	@符号数	行 号	空 格 数	@符号数
1	4	1	1	1	7
2	3	3	2	2	5
3	2	5	3	3	3
4	1	7	4	4	1
5	0	9			

(4) 编写程序，输出一个由 15 行的"*"组成的菱形，文件保存为"e8.3.1.py"。

(5) 编写程序，使用单个循环 for i in range(1,10)来输出这个 9 行的菱形，行号与空格数和"@"符号数的关系如表 8.2 所示，文件保存为"e8.3.2.py"。

表 8.2　菱形整体行号与各行数量关系

行　号	空　格　数	@符号数
1	4	1
2	3	3
3	2	5
4	1	7
5	0	9
6	1	7
7	2	5
8	3	3
9	4	1

8.4　while 的使用

使用 while 循环改写求 100 以内奇数和及偶数和的程序。

实验 8.4 用 while 循环
改写实验 8.1.mp4

(1) 打开 IDLE，选择 File→New File 命令，创建一个新程序文件"e8.4.py"。

(2) 在新程序窗口中输入以下程序代码。

```
#e8.4
sum1=sum2=0
i=1                          #设置循环变量初始值
while i<=100:                 #设置循环条件
    if i % 2 ==1:
        sum1+=i
    else:
        sum2+=i
    i+=1                     #设置循环变量的步长
print("奇数和为%d" % (sum1))
print("偶数和为%d" % (sum2))
```

(3) 保存程序并按 F5 键运行。

小贴士

在使用 while 循环时，需要注意循环变量的初始值、终止值和循环中的步长设置。如果设置不当，可能会导致程序陷入死循环。例如，在上面的例子中，如果遗漏了"i+=1"这行代码，循环变量 i 的值将不会增加，循环条件 "i<=100"将始终为真，导致循环无法结束。此时，可以使用 Ctrl+C 快捷键来强行终止程序运行。

实验 8.5　纸张和
珠穆朗玛峰.mp4

8.5　世界之巅

假设一张可以多次对折的纸厚度为 0.2 毫米，珠穆朗玛峰(以下简称"珠峰")的雪面高程为 8848.86 米(据新华社 2020 年 12 月 8 日对外公布的数据)。问：纸张对折多少次其厚度可以超过珠峰的高度？

(1) 打开 IDLE，选择 File→New File"命令，创建一个新程序文件"e8.5.py"。

(2) 在新程序窗口中输入以下程序代码。

```
#e8.5
paper=0.0002
mount=8848.86
n=0
while paper<=mount:
    paper*=2
    n=n+1
    print("折叠%d次，纸张厚度为%f米" %(n,paper))
print("折叠第%d次后，纸张厚度超过珠峰的高度"%(n))
```

(3) 保存程序并按 F5 键运行。

while 循环的使用非常灵活，能够处理多方面的问题。所有的 for 循环结构都可以用 while 循环来改写，但反之则不行。while 循环也经常应用于已知问题的初始条件和终止条件，求解循环次数的问题。

8.6　锲而不舍的小青蛙

假设有一口井深 h 米，井底有一只青蛙，它每个白天能够沿井壁向上爬 m 米，夜里则顺井壁向下滑 n 米。若青蛙从某个早上开始往外爬，对于任意指定的 h，m，n 值(均为自然数，其中 m>n)，计算青蛙多少天能爬出井口？运行结果如图 8.2 所示，程序文件保存为"e8.6.py"。

图 8.2　运行结果

小青蛙的故事告诉我们，无论 h 值的大小，只要 m>n，青蛙就一定能够爬出井口。这就像我们在生活中做事情一样，确定目标后就要坚持不懈，保持天天向上的力量，每天进步一点点，最终一定能够达成目标。

8.7　猴子吃桃

　　一只猴子摘了一堆桃子，第 1 天吃了一半加一个，第 2 天又吃了剩下的一半加一个，以此类推。到了第 6 天想要吃的时候，它发现只剩下了一个桃子。计算猴子最初摘了多少个桃子? 运行结果如图 8.3 所示，程序文件保存为 "e8.7.py"。

图 8.3　运行结果

实验九　循环结构的嵌套和循环中的关键字

实验目标

知识目标

● 熟悉 for 和 while 循环的双重循环结构。
● 掌握 break 关键字和 continue 关键字的用法。

能力目标

能够使用嵌套循环结构进行几种算法实例的求解。

素质目标

锻炼抽象问题建立模型及最优化解的能力，培养创新意识和计算思维。

相关知识 ⌄

双重循环结构的基本用法 循环中的 break 关键字和 continue 关键字 双重循环输出图形时循环变量分别代表的含义

实验要求

掌握 for 循环和 while 循环的嵌套使用，以及循环中 break 和 continue 关键字的作用。

操作步骤

9.1　水仙花数

如果一个 n 位正整数等于其各数位上的数字的 n 次方之和，则称该数字为阿姆斯特朗数。3 位的阿姆斯特朗数又称为水仙花数，例如，153=1**3+5**3+3**3。求所有的水仙花数。

(1) 在 IDLE 中，选择 File→New File 命令，创建一个程序"e9.1.py"。

(2) 在新程序窗口中输入以下程序代码。

实验 9.1-9.2 求 3 位的阿姆斯特朗数(水仙花数)及分配箱子.mp4

```
#e9.1 水仙花数
for i in range(1,10):        #i 代表百位数
    for j in range(0,10):    #j 代表十位数
```

```
    for k in range(0,10):    #k 代表个位数
        num=i*100+j*10+k*1
        if num==i**3+j**3+k**3:
            print("%d 是水仙花数"%(num))
else:
    print("计算完毕")
```

(3) 保存程序并按 F5 键运行。

 小贴士

　　循环的嵌套非常适合用于穷举法解决问题。任何三位数都可以拆解为 3 个整数，百位上的数字 i 在 1 到 9 之间，十位和个位上的数字 j、k 在 0 到 9 之间，通过循环组合这 3 个数字，就可以组成所有的三位数。再判断 i、j、k 的立方和是否与组成的数字相等，就可以知道这个数字是否为水仙花数了。

9.2 分箱子

　　现有 100 件货物，利用三种规格的包装箱，大箱可以装 8 件货物，中箱可以装 4 件货物，小箱可以装 2 件货物。问：可以有多少种装配方案？请在以下代码"?"处填写合适的内容，使程序正确。填写好后，建立程序，保存为"e9.2.py"。

```
#e9.2
n=0
i=j=k=0     #i 表示大箱，j 表示中箱，k 表示小箱
for i in range(13):
    for j in range(___?___):
        for k in range(51):
            if (___?___):
                n+=1
                print("大箱%d 个，中箱%d 个，小箱%d 个"%(i,j,k))
else:
    print("计算完毕，共有%d 种装箱方案"%(___?___))
```

9.3 九九乘法表

　　利用循环嵌套输出一个九九乘法表，如图 9.1 所示。

```
1*1=1
1*2=2  2*2=4
1*3=3  2*3=6  3*3=9
1*4=4  2*4=8  3*4=12  4*4=16
1*5=5  2*5=10  3*5=15  4*5=20  5*5=25
1*6=6  2*6=12  3*6=18  4*6=24  5*6=30  6*6=36
1*7=7  2*7=14  3*7=21  4*7=28  5*7=35  6*7=42  7*7=49
1*8=8  2*8=16  3*8=24  4*8=32  5*8=40  6*8=48  7*8=56  8*8=64
1*9=9  2*9=18  3*9=27  4*9=36  5*9=45  6*9=54  7*9=63  8*9=72  9*9=81
```

图 9.1　九九乘法表(一)

实验 9.3 利用循环嵌套输出九九乘法表.mp4

(1) 在 IDLE 中，选择 File→New File 命令，创建一个程序"e9.3.1.py"。

(2) 在新程序窗口中输入以下程序代码。

```
#e9.3.1
for i in range(1,10):
    for j in range(1,10):
        if i>=j:
            print("%d*%d=%d" % (j,i,i*j),end="  ")
    print()
```

(3) 保存程序并按 F5 键运行。

当用双重循环输出图形时，可以认为外层循环是控制输出图形的行数，内层循环是输出某行中的内容。本例中外层循环变量 i 和内层循环变量 j 的范围都是 1~9。即共输出 9 行数据，每行 9 个乘法公式。但是在循环中，使用分支结构控制了只有被乘数 j 小于等于乘数 i 的时候才输出公式，这样就控制了每行输出的公式数量不一样。本例也可以采用如下程序所示的形式编写，用 range()函数控制被乘数 j 的循环范围。

```
#e9.3.2
for i in range(1,10):
    for j in range(1,i+1):
        print("%d*%d=%d  " % (j,i,i*j),end="  ")
    print()
```

(4) 编写程序，输出如图 9.2 所示的九九乘法表，文件保存为"e9.3.2.py"。

```
1*1= 1 1*2= 2 1*3= 3 1*4= 4 1*5= 5 1*6= 6 1*7= 7 1*8= 8 1*9= 9
2*2= 4 2*3= 6 2*4= 8 2*5=10 2*6=12 2*7=14 2*8=16 2*9=18
3*3= 9 3*4=12 3*5=15 3*6=18 3*7=21 3*8=24 3*9=27
4*4=16 4*5=20 4*6=24 4*7=28 4*8=32 4*9=36
5*5=25 5*6=30 5*7=35 5*8=40 5*9=45
6*6=36 6*7=42 6*8=48 6*9=54
7*7=49 7*8=56 7*9=63
8*8=64 8*9=72
9*9=81
```

图 9.2　九九乘法表(二)

9.4　签到打卡机程序 2.0

参考下面的程序模板，完成一个如图 9.3 所示的可以连续输入学号的"签到打卡机"程序。请在以下代码"?"处填写合适内容，使程序正确。填写好后，建立程序，保存为"e9.4.py"并运行程序。

实验 9.4　签到打卡机程序 2.0 版.mp4

```
#e9.4 签到打卡机 2.0
import time as t
时间格式='%Y-%m-%d'
时间格式1='%H:%M:%S'
while _____?_____:
    t1=t.localtime()
    xh=input("请输入学号,输入 0 退出:")
    if xh=="0":_____?_____
    print("*"*20)
```

```
print('当前日期: '+t.strftime(时间格式,t1))
print(xh,"号",t._____?_____(时间格式1,t1),"打卡")
print("*"*20)
```

图 9.3　签到打卡机程序 2.0 的运行结果

9.5　字符处理

从键盘输入一个字母和数字混合字符串，然后按顺序输出其中所有的字母，去除数字。

实验 9.5　输入字母数字混合字符串，去掉字符串中的数字.mp4

(1) 在 IDLE 中，选择 File→New File 命令，创建一个程序"e9.5.py"。

(2) 在新程序窗口中输入以下程序代码。

```
#e9.5
str=input("请输入一个字母数字混合的字符串：")
for i in str:
    if "0"<=i<="9":
        continue
    print("当前符号是: %s" %(i))
else:
    print("输出完毕")
```

 小贴士

continue 用于在循环中跳过一些情况。当执行到 continue 语句时，循环结束本次运行，即不再继续执行循环中 continue 之后的内容，直接回到 for 语句，继续执行下一次循环。

9.6　百钱百鸡

"百钱百鸡"问题是由北魏数学家张丘建在他的著作《算经》中提出来的。这是一个经典的数学问题，其表述为："鸡翁一，值钱五；鸡母一，值钱三；鸡雏三，值钱一；百钱买百鸡，问鸡翁、鸡母、鸡雏各几何？"试用穷举法求出此问题所有可能的解，将程序保存为"e9.6.py"。

解题思路如下。

(1) 假设公鸡、母鸡、小鸡分别为 a,b,c。

(2) 满足的条件：

$$a+b+c=100$$

$$a*5+b*3+c/3=100$$

(3) 确定取值范围：

a：1～20

b：1～33

c：1～100

(4) 算法进一步优化：给出此问题的不同算法实现，比较找出最优解。

图 9.4　百钱百鸡所有可能的解

　　"百钱百鸡"是世界上关于解不定方程组的最早表述之一，这个问题体现了张丘建在数学领域的深刻洞察力和创新精神，也展示了中国古代数学家的智慧和才华。百鸡问题及其解法在中国古代数学史上具有重要地位，标志着中国古代数学家在不定方程领域取得了重要成就，为后世的数学研究奠定了基础。

实验十　组合数据类型：列表和元组

实验目标

知识目标

- 了解组合数据类型的几种形式及其特点，特别是序列类型。
- 掌握列表类型的定义、访问与使用方法。
- 掌握元组类型与列表类型的主要区别。

能力目标

学会序列类型的使用方法，实现数据的批量存储与处理能力。

素质目标

理解可迭代对象的概念，掌握迭代作为提高效率逼近目标的重要算法思想。

相关知识　　　　　　　　　　　　　　　　　　　　　　　　　　⌄

列表数据类型(list) 元组数据类型(tuple)

在 IDLE 的命令行方式下，通过以下语句掌握列表和元组数据类型的创建与访问操作，熟练掌握这两种数据类型的使用，并编程完成几个具有特定功能的程序设计任务。

列表是一种可变的序列类型，其数据元素放在一对方括号之间，用逗号分隔。列表中的元素可以是基本数据类型，也可以是组合数据类型。元组是一种不可变的序列类型，一旦创建就不能进行增、删、改等操作。元组使用一对小括号作为定界符，内部元素也用逗号分隔。在不进行元素修改的情况下，元组可以像列表一样使用。

10.1　列表的基本操作

测试相关函数的功能。在 IDLE 命令行中，输入以下语句，并在横线上填写结果。

```
>>> #e10.1
>>> list1=list(range(5))
>>> print(list1)                    #结果为_____
>>> print(range(9,1,-1)[-1])        #结果为_____
```

```
>>> list2=[[1,2,3],"沈阳",[[4,5,"67"],8],[9,0]]
>>> print( list2[2][1])              #结果为_____
>>> list3=["北京","天津","上海"]
>>> list3.append("重庆")
>>> list3.append(["广州","深圳"])
>>> print(list3)                     #结果为_____
>>> list4=[]
>>> for k in "沈阳":
        for j in "大连":
            list4.append(k+j)
>>> print(list4)                     #结果为_____
>>> list5=[3, 4, 5, 6, 7, 9, 11, 13, 15, 17]
>>> print(list5[3:7])                #结果为_____
>>> list6= [1,3, 5, 7,9]
>>> list6[:3]=[2,4]
>>> print(list6)                     #结果为_____
>>> list7=[4, 2, 3, 2, 3]
>>> list7.remove(2)
>>> print(list7)                     #结果为_____
>>> list8=["a","b","c","d"]
>>> list8.insert(2,4)
>>> print(list8)                     #结果为_____
>>> list9=[1,2,3,4,5,6]
>>> list9.remove(list9.index(4))
>>> print(list9)                     #结果为_____
>>> [x for x in range(10) if x % 3==0] #结果为_____
```

10.2 签到打卡机程序 3.0

参考以下程序模板，完成如图 10.1 所示的输入序号显示姓名的"签到打卡机"程序。在设定时间(程序中设置为 10 点)之前打卡显示"准时"，在设定时间之后打卡显示"迟到"。

(1) 在 IDLE 中，选择 File→New File 命令，创建一个新程序"e10.2.py"。

(2) 在新程序窗口中输入以下程序代码。

实验 10.2 签到打卡机
程序 3.0.mp4

```
#e10.2 签到打卡机 3.0 版
import time as t
时间格式='%Y-%m-%d'
时间格式1='%H:%M:%S'
姓名=["马小云","王小林","李小宏","马晓腾","雷小军","张小鸣","刘小东"]
while True:
    t1=t.localtime()
    序号=int(input("请输入学号序号(1-7)打卡，输入 0 退出："))
    if 序号==0:break
    时间=t.strftime(时间格式1,t1)
    信息=姓名[序号-1]+" "+时间 #序号从 1 开始
    小时=int(t.strftime("%H",t1))
    if 小时<10:        #假设 10 点之后算迟到
```

```
        状态="准时"
    else:
        状态="迟到"
print("*"*25)
print('当前日期:    '+t.strftime(时间格式,t1))
print (信息,"打卡",状态)
print("*"*25)
```

小贴士

列表是有序数据类型。列表中的数据元素是从 0 号开始索引排列的，但在这个题目中，输入 0 代表退出，而输入 1 则代表列表中的第一个数据元素。因此，我们使用姓名[序号-1]的表达式来获取正确的姓名。时间函数 strftime 的格式符号%H 可以用来获取 24 小时制时间中的"小时"部分。

```
File Edit Shell Debug Options Window Help
Python 3.5.3 (v3.5.3:1880cb95a742, Jan 16 2017, 16:02:32) [MSC v.1900 64 bit (AMD64)]
on win32
Type "copyright", "credits" or "license()" for more information.
>>>
============ RESTART: C:/Users/lenovo/Desktop/e10.1 签到打卡机3.0版.py ============
请输入学号序号(1-7)打卡,输入0退出: 1      ◄——  输入序号
*************************
当前日期:    2020-03-20
马小云 20:21:09 打卡 迟到              ◄——  显示人名和是否迟到
*************************
请输入学号序号(1-7)打卡,输入0退出: 2
*************************
当前日期:    2020-03-20
王小林 20:21:17 打卡 迟到
*************************
请输入学号序号(1-7)打卡,输入0退出: 3
*************************
当前日期:    2020-03-20
李小宏 20:21:19 打卡 迟到
*************************
请输入学号序号(1-7)打卡,输入0退出: 0
>>> |
```

图 10.1　签到打卡机程序 3.0 的运行结果

10.3　计算平均成绩

输入若干个 0~100 的成绩求平均值，当输入-1 时退出。
请将程序代码补全并将程序保存为"e10.3.py"。

实验 10.3 输入若干个 0~100 之间的成绩求平均值.mp4

```
#e10.3
scorelist=[]
while True:
    score=eval(input("输入一个成绩，输入-1 退出"))
    if score==-1:
        _____?_____
    elif 0<=score<=100:
        scorelist._____?_____(score)
    else:
        print("输入超出范围")
print("输入数据为",scorelist)
print("平均值为%.2f"%(_____?_____))
```

10.4 查找完全数

一个数字的真因子(不包含自身的因子)之和等于该数字本身的数字称为完全数。例如，6 的真因子为 1、2、3，1+2+3=6，所以 6 是完全数。

实验 10.4 查找 10000
以内的完全数.mp4

(1) 在 IDLE 中，选择 File→New File 命令，创建一个新程序"e10.4.1.py"。

(2) 在新程序窗口中输入以下程序代码。

```
#e10.4.1 求完全数，带有计时功能
import time
start=time.time()    #记录程序运行开始时间点
factor=[]            #定义一个列表，将某数的因子加到列表中
for i in range(2,10000):
    for j in range(1,i//2+1):
        if i % j==0:
            factor.append(j)
    if i==sum(factor):
        print(i,"是完全数，真因子为",factor)
    factor=[]         #清除列表，等待下一次查找
else:
    end=time.time() #记录程序结束时间点
    print("计算完成，共用时%.1f 秒"%(end-start))
```

(3) 保存程序并按 F5 键运行。

 小贴士

设置循环变量 i 的取值为 2~10000 中的数字。由于 i 的真因子一定在 1~i/2 之间，因此我们在这个范围内寻找真因子。找到 i 的一个真因子后，将其加入列表 factor。如果 i 正好等于它的真因子列表 factor 的和，则说明 i 是一个完全数。随后，我们清空 factor 列表，以便判断下一个数字 i 是否为完全数。通过导入 time 库，在程序开始和结束时分别记录时间戳，我们可以计算出程序运行的时间。如果扩大查找范围，例如，查找 10 万以内的完全数，本程序的运行时间将会显著增加。本程序在 1 万以内的完全数中找到的最后一个数是 8128，而下一个完全数则是 33550336。

(4) 建立新程序"e10.4.2.py"，改写(2)，使用列表推导式简化程序并运行。

```
#e10.4.2 求完全数,使用推导式
for i in range(2,10000):
    factor=[x for x in range(1,i) if i % x==0]
    if i==sum(factor):
        print(i,"是完全数，真因子为",factor)
```

10.5 元组的基本操作

测试相关函数的功能。在 IDLE 命令行中，输入下面的语句，并在横线上填写结果。

```
>>> #10.5
>>> t1=tuple("辽宁省沈阳市")
>>> print(t1[2])                              #结果为_____
>>> t2=(0,1,4)
>>> t3=(4,2,3,1)
>>> t2 in t3                                  #结果为_____
>>> t4=([1,2],[3,4],[5,6])
>>> t4[1][1]=7
>>> t4                                        #结果为_____
>>> t5=(10,2,"a","沈阳",(1,[2,3]))
>>> len(t5)                                   #结果为_____
>>> t7=tuple("78910")
>>> max(t7)                                   #结果为_____
>>> t8=tuple("北京")
>>> print(t8*3)                               #结果为_____
```

10.6 身份证号码验证真伪

实验 10.6 判断身份证
号码的真伪.mp4

小贴士

身份证号码验证真伪的步骤如下。第一步，将身份证上的前
17 位数字分别与权重数组(7,9,10,5,8,4,2,1,6,3,7,9,10,5,8,4,2)中对
应的数字相乘，求出总和 S。第二步，计算校验码 r=S%11。第三步，使用校验码 r 在校验
码对照表(见表 10.1)中查找正确的身份证号码第 18 位数字。如果与实际身份证号码一致，
则该身份证号码为正确。例如，计算出 r 的结果为 4，则查表可知身份证号码最后一位应
该为 8。

表 10.1 校验码对照表

校验码 r	0	1	2	3	4	5	6	7	8	9	10
身份证号码第 18 位	1	0	X	9	8	7	6	5	4	3	2

(1) 打开 IDLE，选择 File→New File 命令，创建一个新程序 "e10.6.1.py"。

(2) 在新程序窗口中输入以下程序代码。

```
#e10.6.1
card=input("输入 18 位身份证号")
digit=tuple(card)
weight=(7,9,10,5,8,4,2,1,6,3,7,9,10,5,8,4,2)      #weight 代表身份证前 17 位权重
sum=0
for i in range(17):
    aw=int(digit[i])*weight[i]                    #aw 代表加权数字
    sum+=aw
r=sum %11
check=('1','0','X', '9', '8', '7', '6', '5', '4' ,'3', '2')
if digit[17]==check[r]:
    print("%s 校验通过"%(card))
else:
    print("%s 校验不通过"%(card))
```

(3) 保存程序并按 F5 键运行。

 小贴士

　　输入的内容为 18 位的字符串，将其转化为元组 digit 后，元组中的元素分别是 18 个数字型字符。因此，在按位与权重数字相乘时，需要使用 int(digit[i])*weight[i]正确计算。

　　(4) 修改程序，加入以下功能：运行程序后，用户可多次对身份证号码进行校验。如果输入的身份证号码是 18 位，则进行校验；如果不是 18 位，则告知用户输入错误，请重新输入；如果用户输入-1，则程序结束。请将代码补充完整并保存为"e10.6.2.py"。

```
#e10.6.2
while _____?_____ :
    card=input("输入18位身份证号码,-1退出")
    if card==_____?_____ :
        break
    elif _____?_____ (card)==18:
        digit=tuple(card)
        weight=(7,9,10,5,8,4,2,1,6,3,7,9,10,5,8,4,2)
        sum=0
        for i in range(17):
            aw=int(digit[i])*weight[i]
            sum+=aw
        r=sum %11
        check=('1','0','X', '9', '8', '7', '6', '5', '4' ,'3', '2')
        if digit[17]==check[r]:
            print("%s 校验通过"%(card))
        else:
            print("%s 校验不通过"%(card))
    else:
        print("输入不是18位,请重新输入")
```

实验十一 组合数据类型：字典和集合

实验要求

编程完成利用字典进行用户管理的程序设计任务。

字典是一种由键值对组成的数据类型，数据元素放在一对花括号之间，相互之间用逗号分隔。在一个字典结构中，一个键只能对应一个值，但是多个键可以对应相同的值。集合是无序的可变序列，集合元素放在一对大括号间(和字典一样)，元素之间用逗号分隔。在一个集合中，元素不允许重复。集合的元素类型只能是固定的数据类型，如整型、字符串、元组等，而列表、字典等是可变数据类型，不能作为集合中的数据元素。

11.1 字典的基本操作

测试相关函数的功能。在 IDLE 命令行中，输入下面的语句，并在横线上填写结果。

```
>>> #e11.1
>>> d1=dict([[1,"四川"],[2,"重庆"],[3,"贵州"],[4,"湖南"],[5,"湖北"]])
>>> d1[1]                          #结果为_____
>>> d2=dict(zip(["河南","河北","安徽"],["郑州","石家庄","合肥"]))
>>> d2["安徽"]                      #结果为_____
```

```
>>> list(d1.keys())                    #结果为_____
>>> list(d2.values())                  #结果为_____
>>> d3={"面包":5,"可乐":3,"饼干":2,"方便面":4}
>>> d3["面包"]*2+d3["方便面"]           #结果为_____
>>> d3.get("可乐","没有这个食物")       #结果为_____
>>> d3.get("养乐多","没有这个食物")     #结果为_____
>>> d3.pop("方便面")                    #结果为_____
>>> print(d3)                           #结果为_____
>>> d3.pop("火锅","没有这个食物")       #结果为_____
```

11.2 添加用户程序

建立一个"用户名:密码"字典作为用户库，建立一个可以添加用户的程序。要求输入新用户时程序检查字典中有没有重名，如果有，提醒用户重新输入；如果没有，则添加到字典中。

(1) 在 IDLE 中，选择 File→New File 命令，创建一个新程序"e11.2.py"。

实验 11.2 建立一个可以添加用户的程序.mp4

(2) 在新程序窗口中输入以下程序代码。

```
#e11.2   add_user()
users={"小明":"111","小红":"666","小刚":"888"}
while True:
    user=input("请输入用户名:")
    if user in users:
        print("该用户已经存在，请重新输入:")
        continue
    else:
        print("用户名不存在，可以添加")
        password=input("请输入密码:")
        users[user]=password
        yn=input("添加成功，是否继续添加(Y继续添加/其他退出):")
        if yn=="Y" or yn=="y":
            continue
        else:
            break
print("*"*50)
print("当前所有用户为: ",list(users))
print("*"*50)
```

(3) 保存程序并按 F5 键运行。

小贴士

users 是一个字典，用于保存用户名和密码。程序运行后，首先输入用户名，然后判断用户名是否存在于 users 字典的键中。如果存在，则提示用户重新输入；如果不存在，则提示用户输入新用户的密码，并将其添加到字典中。

11.3　删除用户程序

建立一个"用户名:密码"字典作为用户库，并创建一个可以删除用户的程序。程序要求在输入需删除的用户名时，检查该用户是否存在于字典中，如果不存在，则提醒用户无此用户；如果存在，则在用户确认后删除该用户。

实验 11.3　建立一个可以
删除用户的程序.mp4

请将程序代码补全，并将程序保存为"e11.3.py"。

```
#e11.3 delet_user()
users={"小明":"111","小红":"666","小刚":"888"}
while True:
    user=input("请输入需要删除的用户名：")
    if user _____?_____ :
        yn=input("用户存在，确定删除输入 Y/按其他键退出:")
        if yn in "Yy":
            del _____?_____
            print("已经删除")
        else:
            print("本次操作没有删除任何用户")
            break
    else:
        yn=input("用户名不存在，重新输入用户名输入 Y/按其他键退出：")
        if yn _____?_____ "Yy":
            continue
        else:
            break
print("*"*50)
print("当前所有用户为：",list(users))
print("*"*50)
```

11.4　用户管理程序

为上述操作 2 和操作 3 添加一个菜单，根据用户的选择对用户字典进行不同的操作，如图 11.1 所示。

```
=============== RESTART: C:\Users\lenovo\Desktop\用户登录.py ========

尊敬的管理员，请选择操作：
1 添加用户
2 删除用户
3 退出程序
请输入您的选择（1~3）
```

图 11.1　"用户管理程序"菜单

(1) 新建程序文件。

(2) 编写代码，首先显示一个菜单，然后根据用户的选择添加或删除用户，也可以增加一些功能，比如"修改密码"等。

(3) 保存并运行程序，将程序文件保存为"e11.4.py"。

11.5　查询人口增长率

建立人口增长率字典，根据列表的映射关系生成字典，并实现按年份查询功能。

(1) 新建程序文件。

(2) 编写代码，创建列表 1 和列表 2，其中的数据元素如表 11.1 所示。根据元素的映射关系生成字典，并完成如图 11.2 所示的输出。

(3) 编写代码，实现输入年份查询并显示该年份的人口增长率，输入 0 退出查询。

表 11.1　列表中元素的映射关系

列表 1	2016	2017	2018	2019	2020	2021	2022	2023
列表 2	6.53	5.58	3.78	3.32	1.45	0.34	-0.60	-1.48

(4) 保存并运行程序，将程序保存为"e11.5.py"。

图 11.2　运行结果

　　数据是信息的表达。程序的主要功能之一是处理数据，这包括数据的读取、解析、计算、转换、存储等操作。数据的结构决定了程序处理数据的方式和效率。当数据之间存在某种关联关系时，可以使用映射类型来存储，字典就是一种映射类型的数据。程序进行数据分析结果的有效性取决于数据来源的客观准确。本例中的人口数据均来自中国国家统计局官方网站。

图 11.3　中国国家统计局官方网站

11.6　集合的基本操作

测试相关函数的功能。在 IDLE 命令行中，输入以下的语句，并在横线上填写结果。

```
>>> @e11.6
>>> s1={1,2,1,2,3,4,5}
>>> s1                       #结果为_____
>>> s2={3,4,5,6,7}
>>> s1|s2                    #结果为_____
>>> s1 & s2                  #结果为_____
>>> s1-s2                    #结果为_____
>>> s1^s2                    #结果为_____
>>> s1.add(8)
>>> s1                       #结果为_____
>>> s2.remove(3)
>>> s2                       #结果为_____
>>> s2.discard(9)
>>> s2                       #结果为_____
```

实验十二　字符串的格式化

实验 12 字符串的格式化.mp4

实验目标

知识目标

- 熟悉转义字符与原始字符的意义及其转换方法。
- 掌握格式说明符%的使用方法。
- 熟练掌握 format()方法的基本语法和使用。

能力目标

能够正确使用相关语句，准确清晰地设置输出信息的样式。

素质目标

理解信息表达的规范与标准，学会计算思维中的形式化和程序化过程。

相关知识 ⌄

转义字符　原始字符　格式说明符　format()方法　二维列表

实验要求

在 IDLE 环境中，测试字符串格式化的相关语句，完成程序代码的输入、保存、调试与运行。理解字符串格式化的不同方法，并熟练使用格式说明符%和 format()方法的使用，以便完成以下程序设计任务。

Python 中的字符串是一种非常重要的数据类型，它支持多种操作和运算。可以将Python 字符串看作一串连续存储的字符的序列，它们可以通过索引进行顺序的访问。转义字符是指以"\"开头的特殊字符，用于表示字符集中的一些不可打印字符(例如回车换行等)，或者用于将某些系统标识符还原为普通字符。字符串格式化是指在 print 输出时控制输出的字符样式。主要有两种格式化的方法：一是使用格式说明符%，二是使用 format()方法。

操作步骤

12.1　转义字符

在命令行中输入以下语句，并将结果填写在横线处。

```
>>> str1="沈阳\n 师范\n 大学"
>>> str2="沈阳\
师范\
大学"
>>> print(str1)              #显示结果为_____
>>> print(str2)              #显示结果为_____
>>> str3="I'm coding"        #使用双引号作为定界符时，字符串中可出现单引号
>>> str4='I\'m coding'       #使用转义字符\'表示单引号
>>> print(str3)             #显示结果为_____
>>> print(str4)             #显示结果为_____
>>>
```

12.2 原始字符

在命令行依次输入下面的语句，并将结果填写在横线处。

```
>>> str5="c:\windows\system32\notepad.exe"
>>> str6="c:\windows\system32\\notepad.exe"
>>> str7=r"c:\windows\system32\notepad.exe"
>>> print(str5)        #显示结果为_____
>>> print(str6)        #显示结果为_____
>>> print(str7)        #显示结果为_____
>>>
```

 说 明

在 Str6 中，"\\"是转义字符，在 str7 中，字母"r"表示字符串为原始字符串。

12.3 字符串格式化

在命令行依次输入以下语句，并将结果填写在横线处。

```
>>> s='Python'
>>> "{:20}".format(s)                              #显示结果为_____
>>> "{:*>20}".format(s)                            #显示结果为_____
>>> "{:*^20}".format(s)                            #显示结果为_____
>>> "{0:*^10}I love {0:*<10}".format(s)            #显示结果为_____
>>> "{0:\xa9^10}I love {0:\xa9<10}".format(s)      #显示结果为_____
>>> "{0:-^20}".format(1234567890)                  #显示结果为_____
>>> "{0:-^20,}".format(1234567890)                 #显示结果为_____
>>> "{0:e},{0:E},{0:f},{0:%}".format(3.1415926)    #显示结果为_____
>>>
```

 说 明

"\x"是转义字符，用于将后面的两位十六进制数转换为字符。"\xa9"被转义为字符"©"，在语句中用来填充空白处。

12.4 二维列表的输出

以下程序用于输出一个存放学生信息的二维列表 stlist。程序运行结果如图 12.1 所示。

(1) 新建文件。

(2) 编写以下代码，运行无误后，将文件保存为"e12.1.py"。

```
#e12.1格式化输出二维列表
list1=['20170001','赵明','男',19,'物理科学与技术学院']
list2=['20170002','钱小红','女',20,'化学化工学院']
list3=['20170003','孙强','男',20,'信息技术学院']
list4=['20170004','李敏丽','女',19,'外国语学院']
stlist=[list1,list2,list3,list4]
for i in range(len(stlist)):
    for j in range(len(stlist[i])):
        print('{}\t'.format(stlist[i][j]),end='')
    print()
```

小贴士

二维列表可以看作由行和列组成的二维结构(即二维表格)，其元素通过双下标进行访问，例如 stlist[i][j]，其中 i 代表"行"，j 代表"列"。

```
File Edit Shell Debug Options Window Help
============== RESTART: C:\Users\Administrator\Desktop\e12.1.py ==============
>>>
20170001        赵明    男      19      物理科学与技术学院
20170002        钱小红  女      20      化学化工学院
20170003        孙强    男      20      信息技术学院
20170004        李敏丽  女      19      外国语学院
>>>
                                                                    Ln: 135 Col: 4
```

图 12.1 程序的运行结果(二维列表的输出)

说明

要想遍历二维列表的全部元素，需要通过双重循环来实现。由于各列数据宽度不一，需要使用转义字符"\t"(制表符)来实现各元素的对齐输出。

12.5 字典类型的使用

以下程序使用字典类型，随机生成三种套餐组合，并计算每种套餐的金额。程序的运行结果如图 12.2 所示。

图 12.2 程序的运行结果(每次运算生成的随机套餐不同)

(1) 新建文件。

(2) 编写代码。将下面的代码补充完整，确保运行无误后，将文件保存为"e12.2.py"。

```
import random as r
staple={'巨无霸':17,'双吉士':15.5,'麦辣鸡腿':15,'麦香鸡':9,'麦香鱼':8}
drinks={'可口可乐':9,'奶昔':12,'纯牛奶':9,'红茶':9.5,'热朱古力':10,'奶茶':
10.50}
side={'麦辣鸡翅':9,'中薯条':9,'大薯条':11,'麦乐鸡':9,'玉米杯':7.5}
list1=list(staple.keys())
list2=list(drinks.keys())
list3=list(side.keys())
print("下面是为您随机生成的三种套餐组合：\n")
for i in range(3):
    x1=r.choice(list1)
    x2=r.choice(___?___)           #在列表中随机选择一种饮料
    x3=r.choice(list3)
    y1=_____?_____                  #在字典中查找生成套餐中主食的价格
    y2=__?__[x2]                    #在字典中查找生成套餐中饮料的价格
    y3=side[x3]                     #在字典中查找生成套餐中配餐的价格
    str="{:*<6}{:*<6}{:*<6}\t 套餐金额为：{___?___}元"
    print(str.format(x1,x2,x3,y1+y2+y3))
```

12.6 国王的债务

输出数据的格式化。根据下面的故事，编写程序计算"国王的债务"，程序的输出格式如图 12.3 所示。

图 12.3　程序的输出格式

 说明

传说国际象棋是由舍罕王的宰相西萨·班·达依尔发明的。国王对这一奇妙的发明非常喜爱，并决定让宰相自己选择赏赐。西萨没有要金银财宝，他指着面前的棋盘说："陛下，就请您赏给我一些麦子吧。只需这样放在棋盘里：第 1 个格子放 1 粒，第 2 个格子放 2 粒，第 3 个格子放 4 粒，之后每个格子都比前一个格子中的麦粒增加一倍。只要将这样摆满全部 64 个格子的麦粒都赏给我，您的仆人就心满意足了。"国王立即慷慨地答应了。但很快国王就发现，这是一个无法兑现的承诺。国王究竟欠下了多少债务呢？

(1) 新建文件。

(2) 编写代码。程序中需使用 format()方法控制输出格式，并确保程序的输出结果与

图 12.3 所示的完全一致。

　　(3) 保存并运行。将程序文件保存为"e12.3.py"。

小贴士

　　一粒小麦的重量为 0.025~0.04 克。2019 年，我国粮食总产量约为 6.6 亿吨，小麦产量约为 1.33 亿吨。(以上数据来自网络，可能存在误差。)舍罕王因失算欠下了西萨巨额债务，计算这笔债务确实是一件有趣的事情！

实验十三　字符串的操作

实验目标

知识目标

- 熟悉字符的访问与切片操作。
- 熟练掌握字符串相关函数的使用。
- 熟练掌握字符串常用方法的应用。

实验 13 字符串的基本操作.mp4

能力目标

能够正确运用函数和方法对字符串进行处理。

素质目标

理解对象函数与方法的区别，体会面向对象编程的核心思想。

相关知识　⌄

字符串切片　字符串函数　字符串方法

实验要求

在 IDLE 环境中，测试字符串切片、字符运算及函数与方法的语句，完成程序代码的输入、保存、调试与运行。理解字符串索引的概念，并熟练使用字符串的运算符、函数与方法，完成以下程序设计任务。

操作步骤

13.1　字符串的切片

在命令行依次输入以下语句，将结果填写在横线处。

```
>>> str1="I love what you love!"
>>> "Love" in str1              #显示结果为_____
>>> print(str1[7::])           #显示结果为_____
>>> print(str1[-1:-6:-1])      #显示结果为_____
>>> print(str1[-6:-1:])        #显示结果为_____
>>>
```

13.2 字符串的函数

在命令行依次输入以下语句，将结果填写在横线处。

```
>>> len("Python 程序设计")          #显示结果为_____
>>> print(chr(65),chr(97))          #显示结果为_____
>>> print(ord('B'),ord('b'))        #显示结果为_____
>>> print('100'+str(200))           #显示结果为_____
>>>
```

13.3 字符串的方法

在命令行依次输入以下语句，将结果填写在横线处。

```
>>> str2="Do not trouble trouble till trouble troubles you!"
>>> str3="Let's go!"
>>> str3.lower()                               #显示结果为_____
>>> str3.title()                               #显示结果为_____
>>> str2.replace('trouble','TROUBLE',2)        #显示结果为_____
>>> str2.find('trouble')                       #显示结果为_____
>>> str2.count('trouble')                      #显示结果为_____
>>> sl=str2.split()
>>> sl[1]                                       #显示结果为_____
>>>
```

13.4 逆序输出字符串

下面的程序通过字符串分片操作，逆序输出字符串。程序的运行结果如图 13.1 所示。

(1) 新建文件。

(2) 编写程序。将下面的代码补充完整，运行无误后，将程序文件保存为"e13.1.py"。

```
#e13.1 逆序输出字符串
st=input('输入一个字符串：')
print("原字符串：{0}\n逆序字符：{1}".format(__?__,st[__?__]))
```

```
File Edit Shell Debug Options Window Help
Python 3.7.2 (tags/v3.7.2:9a3ffc0492, Dec 23 2018, 23:09:28) [MSC v.1916 64 bit (AM
D64)] on win32
Type "help", "copyright", "credits" or "license()" for more information.
>>>
========== RESTART: C:\Users\Administrator\Desktop\第6章 字符串\e13.1.py ==========
输入一个字符串：12345678
原字符串：12345678
逆序字符：87654321
>>>
                                                                        Ln: 9 Col: 4
```

图 13.1 程序运行结果(逆序输出字符串)

小贴士

通过字符串分片操作逆序输出字符串，st[-1::-1]表示从末尾进行分片直到完成，步长为-1。

13.5 电文加密

下面的程序用来对输入的原文进行加密，程序的运行结果如图 13.2 所示。

(1) 新建文件。

(2) 编写程序。输入以下代码，运行无误后，将程序文件保存为"e13.2.py"。

```python
#e13.2 电文加密
original=input('输入原文：')
cryption=''
for s1 in original:
    if s1.isalpha():
        i=ord(s1)+5
        if s1.isupper():
            if i>ord('Z'):i-=26
        else:
            if i>ord('z'):i-=26
        s2=chr(i)
        cryption+=s2
    else:
        cryption+=s1
print('输出密文：%s'%(cryption))
```

图 13.2 程序运行结果(对输入的原文加密)

说明

电文加密规则：将原文中的字母转换为英文字母表中其后面第 5 个字母，例如，"A"→"F"，保持原文的大小写状态，且除字母外的其他字符不变，不做加密处理。

代码中 s1.isalpha()字符串方法用于判断 s1 是否为字母，返回 True，或 False；

s1.isupper()字符串方法用于判断 s1 是否为大写字母，返回 True，或 False。

字母在 ASCII 表中分别按"a"-"z"和"A"-"Z"的顺序排列，即 26 个字母的 ASCII 码是连续的。"a"-"z"的 ASCII 码为 97-122，"A"-"Z"的 ASCII 码为 65-90。

13.6 英文字频统计

编写程序统计字符串中每个英文字母出现的频率，程序的运行结果如图 13.3 所示。

(1) 新建文件。

(2) 编写代码，并将下面的代码补充完整。

```
#e13.3 英文字频统计
str="Do not trouble trouble till trouble troubles you!"
count={}                  #定义空字典存放统计结果
for s in str:             #遍历字符串
    if s.___?___:         #判断s是不是字母
        if s in count:    #如果字母已经出现过
            count[s]+=1    #在原值加1
        else:             #如果字母还未出现过
            count[s]=1     #则添加一个键值对
for i in count.__?__:     #遍历字典，显示统计结果
    print("字母"{}"出现的频率为:{}".format(__?__,__?__)
```

File Edit Shell Debug Options Window Help
```
Python 3.7.2 (tags/v3.7.2:9a3ffc0492, Dec 23 2018, 23:09:28) [MSC v.1916 64 bit (AMD64)] on win32
Type "help", "copyright", "credits" or "license()" for more information.
>>>
========== RESTART: C:/Users/Administrator/Desktop/第6章 字符串/e13.3.py ==========
字母"D"出现的频率为:1
字母"o"出现的频率为:7
字母"n"出现的频率为:1
字母"t"出现的频率为:6
字母"r"出现的频率为:4
字母"u"出现的频率为:5
字母"b"出现的频率为:4
字母"l"出现的频率为:6
字母"e"出现的频率为:4
字母"i"出现的频率为:1
字母"s"出现的频率为:1
字母"y"出现的频率为:1
>>>
```
Ln: 17 Col: 4

图 13.3　程序运行结果(英文字频统计)

(3) 保存并运行。将程序文件保存为 "e13.3.py"。

 说明

count 为字典类型，用来存放统计结果，初始值为空字典。程序在遍历字符串过程中，首先查找该字母是否已经加入字典，如果是，在其值上加 1；如果不是，则在字典中添加一个键值对。程序运行后 count 的键值对如下：

{'D': 1, 'o': 7, 'n': 1, 't': 6, 'r': 4, 'u': 5, 'b': 4, 'l': 6, 'e': 4, 'i': 1, 's': 1, 'y': 1}

 思考

如何对统计结果进行排序，找出出现频率最多的字母？

实验十四　中英文词频统计

实验目标

知识目标

- 熟悉英文分词的方法和词频统计。
- 熟练掌握 jieba 库的安装和使用。
- 掌握中文词频统计的方法。

实验 14 中英文词频统计.mp4

能力目标

能够使用相关方法和 jieba 函数库进行中英文分词和词频统计。

素质目标

通过中文自然语言处理数据分析实例，培养理性思考科学分析的意识。

相关知识　⌄

字符串　列表　split 方法　replace 方法　sort 方法　get 方法

 实验要求

　　在 IDLE 环境中，测试几个与英文词频相关的方法。完成程序代码的输入、保存、调试与运行。熟悉词频统计的步骤，掌握中英文词频统计的方法，完成下面的程序设计任务。

 操作步骤

14.1　英文词频相关方法

在命令行依次输入以下语句，将结果填写在横线处。

```
>>> s="Don't trouble trouble till trouble troubles you!"
>>> slist=s.split()      #将 s 字符串以分隔符拆分为列表，此处默认分隔符为"空格"
>>> len(slist)           #显示结果为_____
>>> slist[0]             #显示结果为_____
>>> slist[6]             #显示结果为_____
>>> s1=s.replace('!',' ') #将 s 字符串中全部"!"替换为"空格"
>>> slist1=s1.split()
```

```
>>> len(slist1)          #显示结果为_____
>>> slist1[6]            #显示结果为_____
>>> list1=[['apple',10],['orange',5],['car',28],['bike',2]]
>>> list1.sort(key=lambda x:x[1],reverse=True)
>>> list1[0]             #显示结果为_____
>>> list1[0][1]          #显示结果为_____
>>>
```

14.2　英文字符串的词频统计

下面的程序用来对英文字符串中的单词进行词频统计，并将词频最高的 10 个单词显示出来。请将程序补充完整，并保存为"实验 14.1.py"，程序运行结果如图 14.1 所示。

进行词频统计的一般步骤可以归纳如下。

第一步，获取英文字符串。通过字符串赋值或文件读取获取字符串。

第二步，字符串的预处理。将其中不需要进行统计的英文符号(标点)替换为空格。

第三步，将英文字符串拆分为列表，以"空格"为分隔符将字符串拆分为列表。

第四步，列表元素的词频统计。遍历列表统计元素出现次数，使用字典存放统计结果。

第五步，统计结果的排序与输出。对字典按关键字排序，并循环输出显示结果。

(1) 新建文件。

(2) 编写程序。将以下代码补充完整，运行无误后，将文件保存为"e14.1.py"。

```
#e14.1 英文词频统计
raw="Canners can can what they can can but can not can things can't be canned."
text = raw.lower()
for t in '!"#$%&()*+,-./:;<=>?@[\\]^_{|}~':
    text = text.replace(t, " ")
words = text.___?____
counts =___?___
for w in words:
    counts[w] = counts.get(__?__) + 1
items = list(counts.items())
items.sort(key=lambda x:x[1], reverse=True)
for i in range(10):
    x =items[i][0]
    y = items___?____
    print ("{0:<10}{1:>5}".format(x, y))
```

```
File  Edit  Shell  Debug  Options  Window  Help
======= RESTART: C:\Users\Administrator\Desktop\Desktop\实验14.1 英文词频.py =======
can           6
canners       1
what          1
they          1
but           1
not           1
things        1
can't         1
be            1
canned        1
>>>
                                                                          Ln: 21  Col: 4
```

图 14.1　程序运行结果(英文字符串的词频统计)

小贴士

词频统计的关键就是分词，也就是将字符串或文件中的英文字符按某种分隔符(英文以空格或标点为间隔)进行拆分，拆分为单词后生成列表，然后对列表进行词频的统计。

14.3　文件中的英文词频统计

"I Have a Dream"是美国黑人民权领袖马丁·路德·金的著名演讲。下面的程序用来对文件中的英文单词进行词频统计，并将词频最高的 10 个单词显示出来。请按照下面的程序模板，完成程序设计，并保存为"e14.2.py"。程序运行结果如图 14.2 所示。

(1) 新建文件。

(2) 编写程序。将以下代码补充完整，运行无误后，将文件保存为"e14.2.py"。

```
#e14.2 文件中的英文词频统计
#打开当前目录(.py 所在目录)下的文本文件，并读取其中全部字符
txt = open("i have a dream.txt", "r",encoding="utf-8").read()
#对字符串进行预处理
txt = txt.lower()
for ch in '!"#$%&()*+,-./:;<=>?@[\\]^_`{|}~':
    txt = txt.replace(ch, " ")   #将文本中的特殊字符替换为空格
#下面的代码段用来拆分字符串并统计词频，统计结果将存放在字典"dict"中
####################请在这里编写代码段####################

####################请在这里编写代码段####################
#去掉结果中干扰词的词频数据
wlist=['the','a','of','to','in','and','is','be','as','that','this']
for i in wlist:
    dict.pop(i)
#下面的代码用来对 dict 进行降序排列，并显示词频最高的前 10 个单词
####################请在这里编写代码段####################

####################请在这里编写代码段####################
```

图 14.2　程序运行结果(文件中的英文词频统计)

小贴士

open 语句用来打开当前目录下的指定文件，路径默认时要求将文件保存在.py 文件所在的目录，否则会出错。

14.4 中文分词 jieba 库

下面的程序用来对 "2024 政府工作报告.txt" 进行词频统计, 并显示词频最高的 10 个词语。程序运行结果如图 14.3 所示。

(1) 新建文件。

(2) 编写程序。将以下代码补充完整, 运行无误后, 将文件保存为 "e14.3.py"。

```
#e14.3 中文词频统计
import jieba
txt = open("2024 政府工作报告.txt", "r",encoding="utf-8").read()
words = jieba.lcut(txt)
counts = ___?___
for w in words:
    if len(w) ==__?__:          #不统计单个汉字
        continue
    else:
        counts[w] = counts.get(w,0) + 1
litem = list(counts.items())
litem.sort(key=lambda ___?___, reverse=True)
print("{0:<10}{1:>10}".format("热词","出现次数"))
for i in range(10):
    word, count = litem[i]
    print ("{0:-<10}{1:->10}".format(___?___))
```

```
File  Edit  Shell  Debug  Options  Window  Help
================
Building prefix dict from the default dictionary ...
Loading model from cache C:\Users\liuli\AppData\Local\Temp\jieba.cache
Loading model cost 0.891 seconds.
Prefix dict has been built successfully.
热词        出现次数
发展-------------129
建设-------------82
推进-------------69
加强-------------68
推动-------------59
政策-------------53
经济-------------45
实施-------------45
加快-------------43
支持-------------40
>>>
                                                    Ln: 20  Col: 4
```

图 14.3 程序运行结果(词频最高的 10 个词语)

 小贴士

jieba 是 Python 中文分词的第三方库, 它支持 3 种分词模式: 精确模式、全模式、搜索引擎模式。使用 jieba.cut 方法进行分词, 返回的结构是一个可迭代的 generator, 使用 jieba.lcut 可以直接返回列表。

实验十五　函数的定义和调用

实验 15 函数的定义和调用.mp4

实验目标

知识目标

- 掌握函数的定义方法。
- 掌握函数的调用方式。
- 理解函数的返回值概念。

能力目标

能够理解函数的基本概念，正确地定义并使用自定义函数。

素质目标

体验代码封装与复用的思想，培养效率意识和抽象思维能力。

相关知识 ⌄

函数的定义　函数的调用　形参　实参　函数的返回值

自定义函数是指用户根据自身需求定义的函数。函数定义完成后，才能进行调用。在定义函数时，参数列表中的参数没有具体的值，只有在调用函数时才会传递具体的值，这些参数称为形式参数(形参)。当程序调用函数时，通过在调用函数括号内写入的具体参数传递给形参，这些参数称为实际参数(实参)。

15.1　计算组合数

组合数的公式为 $C_m^n = \dfrac{m!}{n!(m-n)!}$，编写计算组合数的程序。

(1) 在 IDLE 中，选择 File→New File 命令，创建一个名为 "e15.1.py" 的程序文件。

(2) 在新程序窗口中编写以下代码。

```
#e15.1 计算组合数的程序
def fac(x):
    s=1
```

```
    for i in range(1,x+1):
        s=s*i
    return s

m=int(input("输入 m 的值："))
n=int(input("输入 n 的值："))
print("Cmn 的值为：",fac(m)/(fac(n)*fac(m-n)))
```

(3) 保存程序并按 F5 键运行。

程序运行结果如下：

```
输入 m 的值：5
输入 n 的值：3
Cmn 的值为：10.0
```

函数定义语句格式如下：

```
def 函数名([形式参数列表]): 函数体
```

调用函数语句格式如下：

```
函数名([实际参数列表])
```

组合数的计算需要三次阶乘运算，将阶乘运算定义为函数 fac(x)，在主程序中调用三次即可。

15.2　斐波那契数列

输出斐波那契数列的前 20 项。

(1) 在 IDLE 中，选择 File→New File 命令，创建一个名为"e15.2.py"的程序文件。

(2) 在新程序窗口中编写以下代码。

```
#e15.2.py 斐波那契数列输出
def Fibonacci(k):
    a=1
    b=1
    for i in range(k):
        print(a,end=" ")
        a,b=b,a+b
Fibonacci(20)
```

(3) 保存程序并按 F5 键运行。

运行结果如下：

```
1 1 2 3 5 8 13 21 34 55 89 144 233 377 610 987 1597 2584 4181 6765
```

斐波那契数列(Fibonacci sequence)，又称黄金分割数列，是由数学家列昂纳多·斐波那契(Leonardo da Fibonacci)以兔子繁殖为例引入的，故又称为"兔子数列"。该数列前两个元素分别为 1，1，从第三个元素开始，每个元素都是前两个元素的和。

15.3 绘制正五边形

(1) 新建文件。

(2) 编写以下程序,将下面的代码补充完整,运行无误后,并将文件保存为"e15.3.py"。

```
#e15.3.py 绘制正五边形
import turtle
def Polygon(r):
    turtle.color('red','yellow')
    turtle.begin_fill()
    turtle.circle(_____?_____,_____?_____)
    turtle.end_fill()
Polygon(50)
turtle.hideturtle()
```

(3) 保存程序并按 F5 键运行。程序将绘制一个正五边形。

实验十六　函数的参数传递

实验 16 函数的
参数传递.mp4

实验目标

知识目标

- 理解函数参数的传递方式。
- 掌握位置参数、关键字参数、默认值参数、可变参数的使用。

能力目标

能够正确使用不同类型的参数进行数据传递。

素质目标

体验代码封装与复用的理念，培养抽象思维能力。

相关知识　　　　　　　　　　　　　　　　　　　　　　　　⌄

位置参数　关键字参数　默认值参数　可变参数

 实验要求

　　函数的参数传递本质上是实参到形参的赋值操作。在 Python 中所有的赋值操作都是"引用赋值"，即将实参所指向的对象地址传递给形参。

　　函数传递不可变对象(如 int、float、字符串、元组、布尔值)时，赋值操作会创建一个新的对象；函数传递可变对象(如列表、字典、自定义的其他可变对象等)时，会直接修改所传递的对象，而不会创建新的对象。

　　函数调用时，位置参数按顺序传递，因此实参数的个数、位置和顺序需要与形参数相对应；关键字参数时，则不需要考虑形参与实参的位置和顺序等的对应关系。可变参数指的是"可变数量的参数"，当函数需要的参数无法确定时，可以使用可变参数。Python 允许在定义函数时为形参数指定默认值，调用函数时，可以省略这些参数，也可以显式赋值来改变默认值。

操作步骤

16.1　测试实参变化

　　测试实参为可变对象、不可变对象、含可变子对象的不可变对象时，形参发生改变后实参的变化。

(1) 在 IDLE 中，选择 File→New File 命令，创建一个名为 "e16.1.py" 的程序文件。

(2) 在新程序窗口中编写以下代码。

```python
#e16.1.py
def f1(x,y,z):
    print("x={}\ty={}\tz={}".format(x,y,z))
    x+=20                #a 为不可变对象，创建新的 x 对象
    y.sort()             #b 为可变对象，y 改变，b 也改变
    z[1][1]=100          #c 为不可变对象，但 c 中的第 2 个元素为可变对象列表，当 z 中的第 2
个元素改变，c 也改变
    print("-"*45)
    print("x={}\ty={}\tz={}".format(x,y,z))
a=16
b=[3,12,-1]
c=("计算机",[89,76])
print("a={}\tb={}\tc={}".format(a,b,c))
f1(a,b,c)
print("a={}\tb={}\tc={}".format(a,b,c))
```

(3) 保存程序并按 F5 键运行。

程序运行结果如下：

```
a=16      b=[3, 12, -1]    c=('计算机', [89, 76])
x=16      y=[3, 12, -1]    z=('计算机', [89, 76])
---------------------------------------------
x=36      y=[-1, 3, 12]    z=('计算机', [89, 100])
a=16      b=[-1, 3, 12]    c=('计算机', [89, 100])
```

小贴士

参数传递时，实参 a、b、c 的值分别传递给形参 x、y、z，实参的个数、位置和顺序要与形参一致，当参数个数不一致时，否则程序将报错。

从 id 值可以看出，a 和 x 指向同一对象，实参 a 是不可变对象，对 x 重新赋值后，x 地址改变，x 变为新的对象，实参 a 的地址没有变化。形参的变化不影响实参。

b 和 y 指向同一对象，实参 b 是可变对象，对 y 执行 sort()操作后，实参 b 也一起改变。

c 是不可变对象元组，但 c 中的第 2 个元素是可变对象列表，修改 z 中的第 2 个元素的值，源对象 c 也发生变化。

16.2　任意颜色多边形

修改 "e15.3.py"，使之完成绘制任意颜色的多边形。

(1) 在 IDLE 中，选择 File→New File 命令，创建一个名为 "e16.2.py" 的程序文件。

(2) 在新程序窗口中编写以下代码。

```python
#e16.2.py 绘制任意颜色的多边形
import turtle
def Polygon(r,c1,c2,l=6,s=4):          #l 和 s 都是默认值参数
```

```
    turtle.color(c1,c2)
    turtle.pensize(s)
    turtle.begin_fill()
    turtle.circle(r,steps=l)
    turtle.end_fill()
x1=int(input("请输入半径: "))
x2=input("请输入边框颜色:")
x3=input("请输入填充颜色: ")
x4=int(input("请输入边长: "))
x5=int(input("请输入笔触大小: "))
turtle.up()
turtle.goto(0,80)
turtle.pd()
Polygon(x1,x2,x3,x4,x5)                #位置参数

turtle.up()
turtle.goto(-50,-50)
turtle.pd()
Polygon(x1,x2,x3,x4)

turtle.up()
turtle.goto(100,-50)
turtle.pd()
Polygon(x1,c1="red",c2="green")        #关键字参数

turtle.hideturtle()
```

(3) 保存程序并按 F5 键运行。

```
请输入半径: 60
请输入边框颜色:blue
请输入填充颜色: yellow
请输入边长: 4
请输入笔触大小: 1
```

程序的运行结果如图 16.1 所示。

图 16.1 程序的运行结果

> **小贴士**
>
> 在执行调用函数 Polygon(x1,x2,x3,x4,x5)语句时，实参 x1,x2,x3,x4,x5 的值将分别传递给形参 r,c1,c2,l,s。参数的个数、位置和顺序必须与形参一致。如果参数个数不一致，程序将报错。
>
> 当执行调用函数 Polygon(x1, c1="red",c2="green")语句时，实参 x1 的值被赋给形参 r，而 c1="red"和 c2="green"是关键字参数。1 和 s 是默认值参数，在调用语句中没有为它们指定值，因此它们将使用默认值 6 和 4。

16.3　随机颜色的多边形

(1) 新建一个文件。

(2) 编写程序。请根据以下提示补充完整代码，确保运行无误后，将文件保存为"e16.3.py"。

```
#e16.3.py 绘制随机颜色的多边形
import turtle
def Polygon(r,c1,c2,_?_,_?_):  #size 和 l 都是默认值参数，size 值为 4，l 值为 5
    turtle.color(c1,c2)
    turtle.pensize(size)
    turtle.begin_fill()
    turtle.circle(_?_,steps=l)
    turtle.end_fill()
import random
colors=["red","blue","yellow","black","pink","green","brown","purple"]
x=random.randint(50,100)
s=random.randint(1,10)
y1=colors[random.randint(0,_?_)]
y2=colors[random.randint(0,_?_)]
z=random.randint(3,10)
Polygon(x,y1,y2,s,z)    #位置参数
```

(3) 保存程序并按 F5 键运行。

16.4　可变参数——单星号

(1) 在 IDLE 中，选择 File→New File 命令，创建一个名为"e16.4.py"的程序文件。

(2) 在新程序窗口中编定以下代程。

```
#e16.4.py 绘制任意多边形
import turtle
def Polygon(*a):
    turtle.color(a[1],a[2])
    turtle.pensize(a[3])
    turtle.begin_fill()
    turtle.circle(a[0],steps=a[4])
    turtle.end_fill()
x=int(input("请输入半径: "))
```

```
y1=input("请输入边框颜色:")
y2=input("请输入填充颜色：")
s=int(input("请输入笔触大小："))
z=int(input("请输入边长："))
Polygon(x,y1,y2,s,z)
turtle.hideturtle()
```

(3) 保存程序并按 F5 键运行。

程序运行结果如下：

```
请输入半径：40
请输入边框颜色:red
请输入填充颜色：yellow
请输入笔触大小：3
请输入边长：6
```

16.5 可变参数——双星号

(1) 在 IDLE 中，选择 File→New File 命令，创建一个名为 "e16.5.py" 的程序文件。

(2) 在新程序窗口中编写以下代码。

```
#e16.5.py 绘制任意多边形
import turtle
def Polygon(r,**a):
    print(r,a)
    turtle.color(a["y1"],a["y2"])
    turtle.pensize(a["s1"])
    turtle.begin_fill()
    turtle.circle(r,steps=a["s2"])
    turtle.end_fill()
x=int(input("请输入半径："))
Polygon(x,y1="yellow",y2="red",s1=3,s2=6)
turtle.hideturtle()
```

(3) 保存程序并按 F5 键运行。

实验十七　变量的作用域

实验目标

知识目标

● 　理解全局变量和局部变量的作用范围。
● 　掌握全局变量和局部变量的作用方法。

能力目标

能够理解并正确使用变量作用域来传递数据。

素质目标

体会函数与模块在计算思维中的结构化和模块化思想。

相关知识

全局变量　局部变量

 实验要求

　　在 Python 中，变量起作用的范围称为变量的作用域。不同作用域内同名变量之间互不影响。根据作用域的不同，变量分为全局变量和局部变量。

　　全局变量：在函数和类定义之外声明的变量。其作用域为定义的模块，从定义位置开始直到模块结束。若要在函数内改变全局变量的值，需使用 global 声明。局部变量：在函数体中(包含形式参数)声明的变量。局部变量的引用比全局变量快，应优先考虑使用。如果局部变量与全局变量同名，则在函数内会隐藏全局变量，只使用同名的局部变量。

 操作步骤

17.1　变量作用域测试 1

(1) 在 IDLE 中，选择 File→New File 命令，创建一个名为"e17.1.py"的程序文件。
(2) 在新程序窗口中编写以下代码。

```
#e17.1.py
a,b = 200,100        #a、b 为全局变量
def func1():
```

```
    c=a+b                #c 为局部变量
    print(a,b,c)         #函数体内输出 a、b、c 的值
func1()                  #主程序中调用函数
print(a,b)               #主程序中输出全局变量 a、b 的值
```

(3) 保存程序并按 F5 键运行。程序的运行结果如下:

```
200 100 300
200 100
```

17.2　变量作用域测试 2

(1) 在 IDLE 中，选择 File→New File 命令，创建一个名为"e17.2.py"的程序文件。

(2) 在新程序窗口中编写以下代码。

```
#e17.2.py
a,b = 200,100                          #a、b 为全局变量
print("第 1 次输出 a,b 的值",a,b)        #主程序中输出全局变量 a、b 的值
def func2():
    global a  #如果要在函数内改变全局变量的值，增加 global 关键字声明
    a=50
    c=a+b                              #c 为局部变量
    print("函数中输出 a,b,c 的值",a,b,c)   #函数体内输出 a、b、c 的值
func2()                                #主程序中调用函数
print("第 2 次输出 a,b 的值",a,b)        #主程序中输出全局变量 a、b 的值
```

(3) 保存程序并按 F5 键运行。程序的运行结果如下:

```
第 1 次输出 a,b 的值 200 100
函数中输出 a,b,c 的值 50 100 150
第 2 次输出 a,b 的值 50 100
```

17.3　同名变量测试

(1) 在 IDLE 中，选择 File→New File 命令，创建一个名为"e17.3.py"的程序文件。

(2) 在新程序窗口中编写以下代码。

```
#e17.3.py
a,b = 200,100                          #全局变量
print("a=",a,"b=",b)                   #主程序中输出全局变量 a、b 的值
def func2():
    a=500
    b=600
    c=a+b
    print("a=",a,"b=",b,"c=",c)        #函数体内输出 a、b、c 的值
func2()                                #主程序中调用函数
print("a=",a,"b=",b)                   #主程序中输出全局变量 a、b 的值
```

(3) 保存程序并按 F5 键运行。程序的运行结果如下:

```
a=200  b=100
a=500  b=600  c=1100
```

a=200 b=100

函数体内的 a、b 为局部变量，与主程序的 a、b 不是同一变量。

局部变量的查询和访问速度比全局变量快，应优先考虑使用，尤其是在循环中。

实验十八　函数的嵌套与递归

实验目标

知识目标

● 理解函数嵌套与递归的原理。
● 掌握函数递归调用的方法。

实验 18 函数的嵌套与递归.mp4

能力目标

能够正确使用函数的递归进行问题求解。

素质目标

体会递归中的算法思想，培养逻辑思维习惯。

相关知识

函数的嵌套 函数的递归

实验要求

　　函数的嵌套指的是在一个函数内部定义并调用另一个完整的函数。被包含的函数称为内部函数，而包含其他函数的函数称为外部函数。

　　函数的递归则是指在函数体内部直接或间接调用自身的过程。

操作步骤

18.1　函数的嵌套练习1

(1) 在 IDLE 中，选择 File→New File 命令，创建一个名为 "e18.1.py" 的程序文件。

(2) 在新程序窗口中编写以下代码。

```
#e18.1.py
def f1():
    print("f1 运行!")
    def f2():
        print("f2 运行!")
    f2()
```

```
f1()
print("程序结束!")
```

(3) 保存程序并按 F5 键运行。

程序的运行结果如下:

```
f1 运行!
f2 运行!
程序结束!
```

小贴士

f2()定义在 f1()内部,因此 f2()是内部函数,而 f1()是外部函数。f2()的定义和调用都在 f1()内部实现。

18.2 递归绘制正方形螺旋线

(1) 打开 IDLE,选择 File→New File 命令,创建一个名为 "e18.2.py" 的程序文件。

(2) 在新程序窗口中编写以下代码。

```
#e18.2.py 绘制正方形螺旋线
from turtle import *
def draw(line):
    if line>0:
        fd(line)
        right(90)
        draw(line-1)
draw(100)
hideturtle()
```

(3) 保存程序并按 F5 键运行。

程序运行结果如图 18.1 所示。

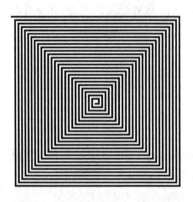

图 18.1 递归绘制正方形螺旋线

18.3 斐波那契螺旋线

(1) 在 IDLE 中,选择 File→New File 命令,创建一个名为 "e18.3.py" 的程序文件。

(2) 在新程序窗口中编写以下代码。

```
#e18.3.py 利用斐波那契数列绘制螺旋线
from turtle import *
pencolor("red")
def fib(n):
    if n<2:
        return 1
    else:
        return fib(n-1)+fib(n-2)
for i in range(21):
    circle(fib(i),90)
```

(3) 保存程序并按 F5 键运行。

程序的运行结果如图 18.2 所示。

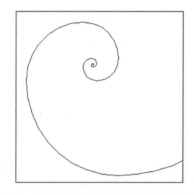

图 18.2　修改斐波那契数列程序绘制螺旋线

18.4　斐波那契数列文字螺旋线

修改 e18.3.py 程序，实现使用斐波那契数列绘制带文字的螺旋线，运行结果如图 18.3 所示。

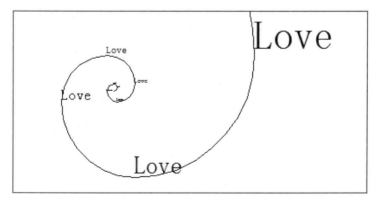

图 18.3　使用斐波那契数列绘制带文字的圆螺旋线

(1) 新建一个文件。

(2) 编写程序。根据以下提示补充完整代码，确保运行无误后，将文件保存为

"e18.4.py"。

```
#e18.4.py 利用斐波那契数列绘制文字圆螺旋线
from turtle import *
pencolor("red")
def fib(n):
    if n<2:
        return 1
    else:
        return fib(n-1)+fib(n-2)
for i in range(21):
    circle(fib(i)*4,90)
    write(_?_,font=("",_?_))
```

(3) 保存程序并按 F5 键运行。

实验十九　lambda 函数

实验目标

知识目标

- 掌握 lambda 函数的定义。
- 掌握 lambda 函数的使用。

实验 19 lambda 函数.mp4

能力目标

能够正确使用匿名函数，并在多种场景中应用。

素质目标

体会匿名函数的简洁与高效，以及嵌套使用的便利性，启发和培养创新思维。

相关知识

匿名函数　lambda

 实验要求

lambda 函数是 Python 中的一种简单、匿名的函数，主要用于定义简单的、单行的函数对象。lambda 函数实际上创建了一个函数对象。

lambda 函数只允许包含一个表达式，不能包含复杂的语句，该表达式的计算结果即为函数的返回值。

 操作步骤

19.1　lambda 函数的定义

(1) 在 IDLE 中，输入以下命令。

```
>>> f=lambda x,y,z: x*y*z
>>> f(1,2,3)
6
```

lambda 函数的语法格式为:

<函数名>=lambda <参数列表>:<表达式>其中,

<表达式>相当于函数体,其运算结果即为表达式的运算结果。

(2) 选择 File→New File 命令,创建一个名为"e19.1.py"的程序文件。

(3) 在新程序窗口中输入以下代码。

```
#e19.1.py
f=lambda x,y,z: x*y*z
print(f(1,2,3))
```

输出结果如下:

```
6
```

(4) "e19.1.py"等价于以下"e19.1-1.py"中定义的函数:

```
#e19.1-1.py
def f(x,y,z):
    return(x*y*z)
print(f(1,2,3))
```

输出结果如下:

```
6
```

19.2　作为参数的用法

在 Python 中,lambda 函数因其简洁性和匿名性,常作为参数传递给如 map()、filter()、sorted()等内置的高阶函数。这些函数都接受一个函数作为参数,而 lambda 提供了一种简洁的方式来定义这些一次性使用的函数。

```
numbers = [1, 2, 3, 4, 5]
squared = list(map(lambda x: x**2, numbers)) # 结果为: [1, 4, 9, 16, 25]
even = list(filter(lambda x: x % 2 == 0, numbers)) # 结果为: [2, 4]
sum = reduce(lambda x, y: x + y, numbers) # 结果: 15
sorted_numbers = sorted(numbers, key=lambda x: x % 3)
#结果为:  [3, 0, 1, 2, 4]
```

小贴士

map(): 对列表中的每个元素应用一个函数,返回一个结果列表。

filter(): 过滤出列表中满足某个条件的元素,返回一个结果列表。

sorted(): 根据自定义的排序规则对列表进行排序。

19.3　在排序中的应用

在排序的应用中,可以将 lambda 函数作为排序的关键字(key),这样就可以根据特定条件对序列对象进行排序。

```
# 使用 Lambda 函数对列表和字典进行排序
names = ['Tiyong', 'Bob', 'Toy', 'Alice']
sorted_names = sorted(names, key=lambda x: len(x))
print(sorted_names) # 输出: ['Bob', 'Toy', 'Alice', 'Tiyong']
sorted_names = sorted(names, key=lambda x: len(x),reverse=True)
print(sorted_names)
#输出: ['Tiyong', 'Alice', 'Bob', 'Toy']
students={'Tiyong':2, 'Bob':1, 'Toy':3, 'Alice':2}
sorted_students = sorted(student.items(), key=lambda x: x[1])
print(sorted_students)
# 输出: [('Bob', 1), ('Tiyong', 2), ('Alice', 2), ('Toy', 3)]
```

小贴士

sorted()函数的基本用法非常简单。它接受一个可迭代对象作为参数，并返回一个排序后的新列表。语法格式如下：

```
sorted_list = sorted(iterable, key, reverse)
```

iterable: 任何可迭代对象，如列表、元组、字符串等。

key: 一个函数，用于从每个元素中提取一个用于比较的值。如果不提供或者为None，则比较元素本身。

reverse: 为 True 时，列表元素将被降序排列，为 False 时，按升序排列。默认为False。

实验二十　文本文件的操作

实验 20　文本文件的
操作.mp4

实验目标

知识目标

- 熟悉基本的文件类型。
- 掌握文本文件的操作步骤，包括打开和关闭的方法。
- 掌握读取文件相关的常用函数的使用。

能力目标

能够理解文件的存取方式，并能够进行文本文件的操作。

素质目标

以古诗词对句作为案例，在学习知识的同时体会中华传统文化的魅力。

相关知识　　　　　　　　　　　　　　　　　　　　　　　　　🔽

open()函数　close()函数　文件读取/写入相关函数

实验要求

　　Python 提供了必要的函数和方法进行文件的基本操作。首先使用 Python 内置的 open() 函数打开文件，创建一个 file 对象。文件被打开后，可以使用相关函数操作文件内容。最后使用 close()函数关闭文件。

操作步骤

20.1　"月"字的飞花令

　　循环逐行读取文件中的信息。编程显示《短歌行》中包含"月"字的诗句，"短歌行.txt"的内容如图 20.1 所示。

　　(1) 新建文件。选择 File→New File 命令，打开程序窗口，输入以下代码：

```python
#e20.1.py 显示《短歌行》中包含"月"的诗句
f=open("短歌行.txt","r",encoding="utf-8")
for 行 in f:
    if "月" in 行:print(行)
f.close()
```

图 20.1　"短歌行.txt"的内容

小贴士

open()函数用于打开文件，并实现该文件与变量 f 的关联。open()中的参数"r"，表示以只读方式打开文件(见表 20.1)。close()函数用于关闭已打开的文件。关闭后的文件不能再进行读/写操作。

表 20.1　open()函数的打开模式参数

打开模式	含　　义
'r'	只读模式。如果文件不存在，返回异常 FileNotFoundError，默认值
'w'	覆盖写模式。文件不存在就创建，存在则完全覆盖源文件
'x'	创建写模式。文件不存在就创建，存在则返回异常 FileExistsError
'a'	追加写模式。文件不存在就创建，存在则在原文件最后追加内容
'b'	二进制文件模式
't'	文本文件模式，默认值
'+'	与 r/w/x/a 一同使用，在原功能基础上增加同时读/写功能

(2) 选择 File→Save 命令，保存文件，文件名为"e20.1.py"。

(3) 复制文本文件"短歌行.txt"，粘贴到与"e20.1.py"相同的路径下。

(4) 选择 Run→Run Module 命令，运行程序文件。程序的运行结果如图 20.2 所示。

20.2 《短歌行》对句

改编程序"e20.1.py",实现《短歌行》输入上句,对下句功能。程序的运行结果如图 20.3 所示。

图 20.2 程序的运行结果

图 20.3 《短歌行》对句功能

 说 明

程序"e20.2.py"与程序"e20.1.py"的功能相似,都是先找到符合条件的行。找到符合 if 条件的行后,可以使用字符串切片来获取下句并打印。

(1) 新建文件。

(2) 编写代码。将以下代码中下划线带问号部分补充完整。

```
#e20.2.py《短歌行》对句
上句=input("请输入上句: ")
f = ___?___ ("短歌行.txt","r",encoding="utf-8")
for 行 in f:
    if ___?___:print("下句是: ",___?___)
f. ___?___
```

(3) 保存运行。将文件保存为"e20.2.py"。运行程序,输入《短歌行》中任意上半句,如"青青子衿",按 Enter 键,观察结果如下。

```
请输入上句: 青青子衿
下句是:  悠悠我心
```

 小贴士

已知上句找下句,这里可以使用 in 运算和字符串切片。

20.3　读旅夜书怀

　　将文件"旅夜书怀.txt"存放在 D 盘根目录下，在 IDLE 窗口中测试下面的命令，在横线上写出程序运行结果。"旅夜书怀.txt"的内容如图 20.4 所示。

图 20.4　旅夜书怀.txt 的内容

```
>>> f = open("d:/s.txt","r")
>>> print(f.read(6))
#显示结果为_____
>>> print(f.read(6))
#显示结果为_____
>>> f.seek(0)
>>> print(f.read(2))
#显示结果为_____
>>> print(f.readline())
#显示结果为_____
>>> f.close()
```

　　read(size)函数从文件的当前位置开始读取 size 字节的数据；如果未提供参数 size，则读取至文件末尾。readline()函数用于每次读取文件的一行内容。seek(0)方法用于将文件指针重置到文件的开头。文件读取函数的模式及其含义如表 20.2 所示。

表 20.2　文件读取函数的模式及含义

打开模式	含　义
\<file\>.seek(offset[, whence])	改变文件指针的位置。seek(0)指向文件开头，seek(0,2)指向文件末尾，seek(5)指向文件的位置 5。 offset: 偏移量，需要移动多少个位置。 whence: 可选，偏移量的参考位置，参数为 0，1，2： 　　0 ：将文件关作为参考位置 　　1 ：将当前指针位置作为参考位置 　　2 ：将文件尾作为参考位置
\<file\>.read(size)	从文件中读取整个文件内容；如果提供了参数 size，则读取前 size 长度的字符串或字节流

Python 语言程序设计实训(第 2 版) (微课版)

续表

打开模式	含　义
<file>.readline(size)	从文件中读取一行内容；如果提供了参数 size，则读取该行前 size 长度的字符串或字节流
<file>.readlines(hint)	从文件中读取所有行，并形成一个以每行为元素的列表；如果提供了参数，则读取大约 hint 行

20.4　读取任意行

编写程序"e20.3.py"，实现读取文件并显示第二行内容的功能。程序的运行结果如图 20.5 所示。

(1) 新建程序文件，在新文件窗口中输入以下内容：

```
#e20.3.py 读取文件并显示第二行内容
f=open("d:/s.txt","r")
全文=f.readlines()
print(全文[1])
f.close()
```

readlines()函数用于读取所有行，并生成一个列表。这里的"全文[1]"代表列表的第二个元素，即文件的第二行。

================== RESTART:
==
星垂平野阔，月涌大江流。

图 20.5　读取文件并显示第二行内容

(2) 保存并运行。将文件保存为"e20.3.py"。运行程序，观察结果。

20.5　签到打卡机 5.0

编写程序，将签到打卡程序的签到记录写入文件"打卡记录.txt"。

(1) 新建程序文件，在新文件窗口中输入以下内容：

```
#e20.4.py 签到打卡机 5.0 版
import time
姓名=["曹操","刘备","孙权","关羽","张飞","诸葛亮","赵云"]
f=open('打卡记录.txt','a')              #以追加写入方式打开文件
while True:
    序号=int(input("请输入序号，输入 0 退出"))
    if 序号==0:break
    时间=time.asctime()
    信息=姓名[序号-1]+" "+时间
```

```
    小时=int(时间[11:13])
    if 小时<=8 :                         #假设 8 点之后算迟到
        状态="按时"
    else:状态="迟到"
    print (信息,"打卡",状态)
    f.write(信息+"打卡"+状态+"\n")        #将打卡信息写入文件
f.close()
```

 小贴士

　　追加写入模式：在打开文件后保留原内容，并将新内容追加到文件末尾。如果文件不存在，则会新建一个文件并写入内容。write()函数用于向文件写入指定的字符串，可多次调用以写入连续的内容。

　　(2) 保存并运行。将文件保存为"e20.4.py"。运行程序，输入打卡人序号，然后打开"打卡记录.txt"文件，观察结果。

实验二十一 二维数据 csv 文件读写

实验目标

知识目标

- 熟悉 csv 文件存取数据的基本方式。
- 掌握 csv 文件的打开、修改和关闭操作。
- 掌握二维数据的读取和写入文件的常用方法。

能力目标

能够正确地进行 csv 文件的读写操作。

素质目标

体会数据的二维存储和自动化处理，培养严谨的数据意识和科学精神。

相关知识

write()函数   split()函数   join()函数   csv 文件导入列表

Python 对 csv 文件的基本操作包括将文件内容导入二维列表、二维数据的查询定位、数据的写入以及数据内容的修改。本实验涵盖了上述所有操作，基本实现了用 Python 对 csv 文件读写的常用方法。

21.1 逐行读取 csv 文件

编程显示"成绩单.csv"中全部信息。"成绩单.csv"的内容如图 21.1 所示。

 说明

csv 文件既可以用记事本打开，也可以用 Excel 打开。文件中的数据元素用逗号分隔，如果用 Excel 打开，则看不到文件中的逗号。在 Python 中打开 csv 文件的函数仍然是 open()函数，使用方法与文本文件相同。实际上，Python 将 csv 文件视为文本文件，需要分割数据时，使用逗号作为分隔符。

图 21.1 "成绩单.csv"的内容

(1) 新建文件。选择 File→New File 命令，打开程序窗口，输入以下代码：

```
#e21.1.py 顺序读取 csv 文件
fc = open("成绩单.csv","r")
for line in fc:
    print(line)
fc.close()
```

小贴士

open()函数用于打开文件，并将文件与变量 fc 关联。参数"r"表示以只读方式打开文件。close()函数用于关闭文件，关闭后文件不能再进行读写操作。

(2) 选择 File→Save 命令，保存文件，文件名为"e21.1.py"。

(3) 复制文件"成绩单.csv"，粘贴到与"e21.1.py"相同的路径下。

(4) 选择 Run→Run Module 命令，运行程序文件。程序运行结果如图 21.2 所示。

```
================= RESTA
序号, 学号, 姓名, 平时成绩

1, 19015005, 顾莹, 80

2, 19015008, 任欣, 85

3, 19015009, 杨晚晴, 73

4, 19025011, 赵晓静, 69

5, 19015015, 于彤, 59

6, 19025018, 程琳, 52

7, 19015022, 冯仪, 90

8, 19025027, 郭永康, 100

9, 19015029, 侯柠, 81
```

图 21.2 程序的运行结果

Python 语言程序设计实训(第 2 版)(微课版)

21.2 CSV 导入二维列表

编写程序"e21.2.py",将"成绩单.csv"的数据导入二维列表，并显示表中第 2 行。

 说 明

表中数据读取后被视为连续的字符串，其中包含逗号和换行符。需要先将数据分割开，再存入一个二维列表。

(1) 新建文件"e21.2py"。

(2) 编写以下代码。

```
#e21.2.py 将数据导入二维列表，并显示表中第 2 行
fb = open("成绩单.csv", "r")
表格 = []
for line in fb:
    line = line.replace("\n","")       #删除每行数据结尾的换行符
    表格.append(line.split(","))        #将表中一行，作为二维列表的一个元素
print(表格[2])
fb.close()
```

(3) 保存并运行。将文件保存为"e21.2.py"。运行程序，结果如下。

```
['2', '19015008', '任欣', '85']
```

小贴士

这里的结果是 csv 文件中的一行，文件中的每行都是一个独立的列表。所有的行列表组合在一起形成一个二维列表，即上面程序中的"表格"二维列表。

21.3 CSV 数据查询

编写程序"e21.3.py"，实现对"成绩单.csv"文件的简单查询。用户输入姓名后，程序将查询并显示对应学生的平时成绩。程序运行结果如下：

```
请输入姓名:于彤
平时成绩： 59
```

(1) 新建文件"e21.3.py"。

(2) 编写代码。将代码中下划线带问号部分补充完整。

```
#e21.3.py 按姓名查询成绩
fo = open("成绩单.csv", "r")
表格 = ___?___
for line in fo:
    line = line. ___?___
    表格.append(line. ___?___)
fo.close()
姓名=input("请输入姓名:")
for i in 表格:
    if 姓名 in i:print("平时成绩: ",___?___)
```

106

小贴士

二维数据读取后，查询的过程实际上是对列表的处理。首先找到满足条件的行对应的子列表，然后定位子列表的某个元素。

21.4 CSV 写入数据

编写程序"e21.4.py"，打开"成绩单.csv"文件，并在文件中写入一条新的学生信息。

(1) 新建文件"e21.4.py"。

(2) 编写代码如下。

```
#e21.4.py 数据写入
fo = open("成绩单.csv", "a")          #以追加写入的方式打开文件
新记录 = ['10', '19015032', '纪雪', '92']
fo.write(",".join(新记录)+ "\n")
fo.close()
```

(3) 保存并运行程序。将文件保存为"e21.4.py"。运行程序后，打开文件"成绩单.csv"查看，结果如图 21.3 所示。

图 21.3 查看"成绩单.CSV"结果

小贴士

在写入新数据时，需要添加逗号和换行符，以保持文件格式的统一。程序每次运行都会添加一条新记录；如果程序重复运行，将会添加多条重复记录。

21.5 CSV 数据修改

编写程序"e21.5.py"，打开"成绩单.csv"文件，输入一个序号，找到对应的学生，将平时成绩加 3 分，并将修改后的信息写入文件。程序的运行结果如下：

```
输入序号:5
['5', '19015015', '于彤', '62']
5 号同学平时成绩加 3 分
```

(1) 新建文件"e21.5.py"。

(2) 编写代码如下：

```
#e21.5.py 文件中数据的修改
fo = open("成绩单.csv", "r")
表格 = []
for line in fo:
    line = line.replace("\n","")
    表格.append(line.split(","))
fo.close()
n=int(input("输入序号:"))
表格[n][3]=str(int(表格[n][3])+3)
print(表格[n])
print(n,"号同学平时成绩加 3 分")
fo = open("成绩单.csv", "w")
for i in 表格:
    fo.write(",".join(i)+ "\n")
fo.close()
```

(3) 保存并运行程序。将文件保存为"e21.5.py"。运行程序后，打开文件"成绩单.csv"查看文件的变化，结果如图 21.4 所示。

图 21.4　程序运行前后文件内容对比

数据的修改过程较为复杂。首先，需要将数据读入一个二维列表。其次，在二维列表中定位并修改相应数据。最后，将修改后的二维列表整体覆盖写入原 csv 文件中，而不是只修改文件的某项内容。

实验二十二 os 模块和文件夹

 实验目标

知识目标

- 熟悉 Python 表示文件夹和文件的方式。
- 掌握 os 模块常用函数的使用方法。
- 学习文件夹和文件的基本操作技巧。

实验 22 OS 模块和文件夹.mp4

能力目标

深入理解文件存储方式，正确执行 os 的文件和目录操作。

素质目标

通过程序批量处理文件和目录的案例学习，提升信息处理能力和效率意识。

相关知识

os 模块及相关函数　文件夹基本操作

 实验要求

程序操作经常涉及文件和目录，Python 的 os 模块提供了丰富的操作文件和目录的函数。需要注意的是部分函数位于 os 模块中，而另一些则位于 os.path 模块中。

操作步骤

22.1 基本函数

在 IDLE 中，练习 os 模块的基本函数。以下是 os 模块的常用函数，如表 22.1 所示。

表 22.1　os 模块常用函数

函　　数	功　　能
os.chdir(path)	改变当前工作目录
os.close(fd)	关闭文件
os.curdir	返回当前目录
os.dup(fd)	复制文件

续表

函　数	功　能
os.dup2(fd, fd2)	将一个文件复制到另一个文件
os.getcwd()	返回当前工作目录
os.listdir(path)	返回 path 路径下的文件和目录名称列表
os.makedirs(path[, mode])	创建具有多级目录的文件夹
os.mkdir(path[, mode])	创建具有一级目录的文件夹
os.open(file, flags[, mode])	打开一个文件
os.path.abspath(path)	返回 path 规范化的绝对路径
os.path.basename(path)	返回 path 最后的文件名
os.path.isabs(path)	如果 path 是绝对路径,返回 True
os.path.exists(path)	如果 path 存在,返回 True,否则返回 False
os.path.isfile(path)	如果 path 是一个存在的文件,返回 True,否则返回 False
os.path.isdir(path)	如果 path 是一个存在的目录,返回 True,否则返回 False
os.remove(path)	删除 path 路径下的文件
os.removedirs(path)	递归删除目录。若目录为空就删除,并递归到上一级目录;若也为空,则删除
os.rename(src, dst)	重命名文件或目录
os.renames(old, new)	递归重命名目录或文件
os.rmdir(path)	删除 path 路径下的空目录;如果目录非空,则抛出一个 osError 异常
os.walk(path[,topdown=0])	遍历以 path 为根的目录树,返回的是一个三元组(dirpath, dirnames, filenames)

测试表达式:将文件夹"test"复制到 D 盘根目录下,在命令行执行以下语句,打开文件夹"d:\test",观察命令执行结果。

```
>>> import os
>>> os.chdir("d:/test")                    #改变当前目录指向"d:/test"
>>> print(os.getcwd())            #获取当前路径
执行上面的语句后,显示的结果为_____
>>> print(os.listdir())                   #获取当前路径下的文件列表
执行上面的语句后,显示的结果为_____
>>> os.path.getsize(r"d:/test/a.txt")  #获取文件大小,以字节为单位
执行上面的语句后,显示的结果为_____
>>> os.mkdir("d:/test/doc")              #创建一个新文件夹
>>> for root, dirs, files in os.walk("d:/test",topdown=0):
        print(root,dirs,files)
>>> os.remove("d:/test/b.txt")       #删除一个文件
>>> os.rmdir("d:/test/doc")               #删除一个空文件夹
```

 小贴士

os.walk()函数通过遍历目录树获取目录中的所有文件和子目录,返回一个三元组(当前

目录路径，子目录列表，文件列表)。topdown 为可选参数，默认为 "1"，表示优先遍历根目录；若 topdown 为 "0"，则深度优先遍历子目录。os.walk()是一个简单易用的文件、目录遍历器，适用于 UNIX、Windows 系统。

22.2　文件的查询与统计

编程实现"作业统计助手"。要求：根据给定的成绩单和作业文件夹，判断哪些人未交作业并统计总人数。

(1) 将"作业"文件夹及其文件复制到 D 盘根目录下。

(2) 编写代码。新建程序文件，输入以下代码。

```
#e22.1.py 作业统计助手
import os
文件名列表=os.listdir("d:/作业")   #读取文件名到列表
文件名串=' '.join(文件名列表)
表格 = []
fo = open("成绩单.csv", "r")
for line in fo:
    line = line.replace("\n","")
    表格.append(line.split(","))
fo.close()
s=0
for i in 表格[1:]:                #去掉表头
    if i[2] not in 文件名串：     #判断姓名是否在文件名串中出现
        print(i[0],i[2],"没交作业")
        s=s+1
print("共",s,"人未交作业")
```

(3) 运行程序。将文件保存为 "e22.1.py"，将"成绩单.csv"复制到程序相同目录下。运行程序，结果如下：

```
2 任欣 没交作业
7 冯仪 没交作业
9 侯柠 没交作业
共 3 人未交作业
```

本实验首先把作业文件名读入列表，然后把 csv 文件中的信息读入二维列表，最后把两者进行比对，找出目标。

22.3　文件的删除操作

编程实现清理指定文件夹中的垃圾文件。要求：检索给定的"test"文件夹，找到所有垃圾文件并执行删除操作。垃圾文件是指包括扩展名为 ".tmp" ".log" 的文件以及空文件。

(1) 新建程序文件。

(2) 编写代码。输入以下代码。

```
#e22.2.py 清理文件夹中的垃圾文件
from os import *
def 清理(文件夹):
    if not path.isdir(文件夹):          #判断当前对象是否为文件夹
        return
    for 文件名 in listdir(文件夹):
        路径=文件夹+"/"+文件名              #生成文件的完整路径
        文件大小=path.getsize(路径)
        if path.isdir(路径):
            清理(路径)                   #递归调用清理函数
        elif 文件名[-4:] in [".tmp",".log"] or 文件大小==0:
            remove(路径)
            print(路径,"--被删除--")
文件夹="d:/test"
清理(文件夹)
```

(3) 运行程序。将文件保存为"e22.2.py"并运行。运行结果如下：

```
d:/test/录音/480p.tmp --被删除--
d:/test/相册/adupdate.log --被删除--
d:/test/相册/display.log --被删除--
d:/test/w.docx --被删除--
```

 小贴士

本实验定义了一个函数"清理"程序，通过对函数的递归调用，找到所有垃圾文件并删除。

22.4 文件夹的删除

新建一个程序文件，并编写程序以实现清理空文件夹的功能。程序运行后，将找到"test"文件夹中的所有空文件夹并进行删除。以下是运行结果，并将程序保存为"e22.3.py"。

```
d:/test\狸窝\全能视频转换器 --被删除--
d:/test\狸窝 --被删除--
```

 说明

在此程序中，我们可以使用 os.walk()来生成目录树，再对空目录执行删除操作。

实验二十三　常见异常及异常处理

实验目标

知识目标

- 熟悉 Python 中的常见错误类型。
- 掌握 try 和 except 命令的基本使用方法。
- 学会定位程序错误位置和识别错误类型的方法。

实验 23 常见异常及异常处理.mp4

能力目标

能够运用 try 语句正确处理程序中可能出现的异常，提升代码的可靠性。

素质目标

学会预见程序中的异常并能妥善处理，培养逻辑思维和客观严谨的科学精神。

相关知识　⌄

try 命令　except 命令　常见错误

实验要求

Python 的异常处理是一种编程机制，用于在程序运行时检测和处理错误的情况。当 Python 代码执行过程中遇到异常情况(如除以零、文件不存在、无效输入等)时，会抛出一个异常。若未能适当处理这些异常，程序将中断并显示错误消息。为了避免这种情况，我们可以使用异常处理。

操作步骤

23.1　异常与错误

验证程序输入不合理导致的错误。编程验证除数不合法的情况，并观察错误信息。

(1) 新建文件。选择 File→New File 命令，打开程序窗口，输入以下代码：

```
#e23.1.py 程序输入不合理出现的错误
除数=eval(input ("请输入除数: "))
print(3/除数)
```

(2) 选择 File→Save 命令，将文件保存为 "e23.1.py"。

(3) 选择 Run→Run Module 命令，两次运行程序文件，分别输入 "0" 和 "k"，运行结果如下。

```
请输入除数: 0
Traceback (most recent call last):
  File "/Users/Desktop/e24.1.py", line 3, in <module>
    print(3/除数)
ZeroDivisionError: division by zero
请输入除数: k
Traceback (most recent call last):
  File "/Users/Desktop/e24.1.py", line 2, in <module>
    除数=eval(input ("请输入除数: "))
  File "<string>", line 1, in <module>
NameError: name 'k' is not defined
```

 小贴士

这个程序本身没有语法错误，但若输入的除数为 0，则后面的 print 语句会出现一个语法错误，ZeroDivisionError 表示除零错误。而输入 "k" 时，由于 eval()函数尝试将 "k" 解析为一个变量，导致错误信息显示 "k" 未定义。程序设计中经常遇到此类情况，通常是由于输入与预期不符导致的错误。

23.2 异常错误处理

编写程序 "e23.2.py"，用于测试程序是否出错；若出错，则显示 "出错了！"。

 说明

try 语句用于测试错误，若无错误则正常执行；若有错误，则执行 except 后面的语句。

(1) 新建文件。

(2) 编写以下代码。

```
#e23.2.py 程序输入不合理出现的错误
try:
    除数=eval(input ("请输入除数: "))
    print(3/除数)
except:
    print("出错了! ")
```

(3) 保存并运行。将文件保存为 "e23.2.py"。三次运行程序，分别输入 "k" "0" "4"，显示结果如下:

```
请输入除数: k
出错了!
请输入除数: 0
出错了!
请输入除数: 4
0.75
```

在此示例中，程序检测到输入"k"和"0"时存在错误，但程序并未指出具体的错误类型。接下来的例子将展示如何判断具体的错误原因。

23.3　异常错误原因

编写程序"e23.3.py"，用于判断错误原因，并根据不同的错误显示相应的结果。

(1) 新建文件。

(2) 编写以下代码。

```
#e23.3.py 判断错误原因
try:
    除数=eval(input ("请输入除数："))
    print(3/除数)
except ZeroDivisionError:
    print("除数不能为0！")
except:
    print("您输入的不是数字！")
```

(3) 保存并运行。将文件保存为"e23.3.py"。两次运行程序，分别输入"k"和"0"，显示结果如下：

```
请输入除数：0
除数不能为0！
请输入除数：k
您输入的不是数字！
```

在这个例子中，try 语句仅使用了两个 except 子句，分别对两类异常进行了响应，即除零异常和其他异常。当输入 0 时，代码 print(3/除数)会引发一个 ZeroDivisionError 异常(除零异常)，程序会立即跳转并执行语句 print("除数不能为 0！")。当输入其他形式的错误数据，例如，输入 k 时，程序会跳转并执行语句 print("您输入的不是数字！")。

实验二十四　GUI 和 pyinstaller 库

实验要求

tkinter 是 Python 的标准 GUI 库，利用 tkinter 可以迅速地构建 GUI 应用程序。由于 tkinter 随 Python 一同安装，因此，只要安装好 Python 之后就能使用 tkinter 库。对于创建简单的图形用户界面，tkinter 是一个不错的选择。

操作步骤

24.1　创建一个简单的窗口

以下是一个 tkinter 模块基本使用的练习。

(1) 新建程序文件。

(2) 编写以下代码。

```
#e24.1.py 简单窗口
import tkinter
窗口=tkinter.Tk()
窗口.geometry('320x240')    #窗口大小
窗口.title('我是窗口')    #窗口标题
窗口.mainloop()
```

小贴士

tkinter 是 Python 用于窗口设计的模块。作为 Python 的内建库，tkinter 提供了图像窗口功能，能够实现基本的窗口交互。

(3) 运行程序。将文件保存为"e24.1.py"。程序的运行结果如图 24.1 所示。

图 24.1　程序的运行结果(1)

24.2　带输入输出功能的简单 GUI

以下是一个实现简单 GUI 的编程练习，要求在输入框中输入内容后，单击"确定"按钮，则在标签中显示与输入框相同的内容。

(1) 新建程序文件。

(2) 编写以下代码。

```
#e24.2.py 带输入输出功能的简单 GUI
import tkinter
def 单击():
    s=输入框.get()                      #获取输入框内容放入 s
    标签.configure(text=s)              #将 s 显示在标签中
窗口=tkinter.Tk()
窗口.geometry('320x240')
窗口.title('计算器')
输入框=tkinter.Entry(窗口,width=5)
输入框.place(relx=0.1,rely=0.1)
按钮=tkinter.Button(窗口,text='确定',command=单击)
按钮.place(relx=0.5,rely=0.3)
标签=tkinter.Label(窗口)
标签.place(relx=0.1,rely=0.5)
窗口.mainloop()
```

(3) 运行程序。将文件保存为"e24.2.py"，并运行。在输入框中输入"你好"，然后单击"确定"按钮。程序的运行结果如图 24.2 所示。

 小贴士

在 tkinter 中，通常使用输入框进行输入操作，使用标签进行输出显示。掌握了输入框、按钮和标签这三个基本元素，就可以实现程序的基本交互功能。对象.place(relx,rely)用于设置对象在窗口中的位置，其中 relx 和 rely 分别代表相对于窗口宽度和高度的横、纵坐标比例。

图 24.2　程序的运行结果(2)

24.3　2 的 N 次方运算器

本任务要求在输入框中输入一个数字 N，单击"确定"按钮后，在标签中显示 2 的 N 次方的结果。

(1) 新建程序文件。

(2) 编写代码。输入下面的代码，将代码中下画线带问号部分补充完整。

```
#e24.3.py 设计 2 的 N 次方运算器
import tkinter
def 单击():
    s=eval(输入框.___?___)
    标签.configure(___?___=str(2**s))
窗口=___?___.Tk()
窗口.geometry('320×240')
窗口.___?___('计算器')
输入框=tkinter.Entry(窗口,width=5)
输入框.place(relx=0.3,rely=0.1)
按钮=tkinter.___?___(窗口,text='确定',command=单击)
按钮.place(relx=0.5,rely=0.3)
标签1=tkinter.Label(窗口,text="计算 2 的")
标签1.place(relx=0.1,rely=0.1)
标签2=tkinter.Label(窗口,text="次方")
标签2.place(relx=0.4,rely=0.1)
标签=tkinter.___?___(窗口)
标签.place(relx=0.1,rely=0.5)
窗口.___?___()
```

(3) 运行程序。将文件保存为"e24.3.py"。运行程序，在输入框中输入"80"，单击"确定"按钮，结果如图 24.3 所示。

小贴士

标签组件既可以用来显示提示性信息，也可以用来显示运算结果。在本实验中，我们使用了三个标签组件来构建用户界面。

图 24.3　程序的运行结果(3)

24.4　用 pyinstaller 库打包

(1) 安装 pyinstaller 模块。与其他 Python 模块的安装方式相同，使用 pip 命令进行安装。在命令提示符后输入以下命令，以自动完成库的安装。

```
pip install pyinstaller
```

(2) 将程序文件"e24.3.py"复制到 D 盘根目录下，然后在命令提示符中输入以下命令：

```
D:
pyinstaller -F e24.3.py
```

执行上述命令后，将看到程序打包的详细过程。打包完成后，D 盘将新增一个名为 dist 的文件夹，其中包含"e24.3.exe"文件，这就是使用 pyinstaller 工具生成的.exe 可执行文件。这个.exe 文件可以在没有安装 Python 的环境独立运行。

(3) 运行"e24.3.exe"，并查看结果。

上述操作同时会在 D 盘目录下生成一个名为 build 的文件夹，该文件夹用于存放打包过程中产生的临时文件。在确认.exe 文件运行无误后，可以安全地删除这个 build 文件夹。

实验二十五 数据分析

实验目标

知识目标

- 掌握 Matplotlib 库的基本使用和折线图的画法。
- 掌握使用 Pandas 库读取 csv 文件的基本方法。
- 掌握 tkinter 库单选按钮的使用。

能力目标

能够使用相关库函数进行数据的图形化和可视化操作。

素质目标

数据分析锻炼了抽象思维能力，信息可视化则体现了创新思维。

相关知识 ∨

read_csv()函数　figure()函数　plot()函数　控件的位置设置

Matplotlib 是 Python 的一个第三方库，提供 2D 和 3D 绘图功能。Matplotlib 能够生成的图表类型很多，包括直方图、功率谱、条形图、散点图等。本实验读取一个 csv 文件中的数据，并将其绘制为折线图，直接显示或者在 tkinter 窗口中显示。

25.1 绘制对比折线图

使用 Pandas 库读取 csv 文件并使用 Matplotlib 库绘制各个城市的部分月份降水量折线图。数据来源：国家统计局网站。数据文件部分内容如图 25.1 所示。

	A	B	C	D	E	F	G	H	I	J	K	L	M
1	城市	1月	2月	3月	4月	5月	6月	7月	8月	9月	10月	11月	12月
2	北京	0	0	5.2	33.6	32.4	23.8	62.7	63.5	44.5	3.9	9.5	0.7
3	天津	0	0	2.4	22.1	37	69.1	136.4	40.4	35	11.7	22.5	1.1
4	石家庄	0	0	0.9	10.3	40.4	27.6	131.9	248.9	28.8	20.5	9	0
5	太原	0	0	1.6	4.6	24.6	12.8	66.5	177.1	42.3	6.9	6.9	0
6	呼和浩特	0	0	0.7	5.8	30.4	50.8	66.4	11.6	70.5	12.9	4.7	2.3
7	沈阳	0.1	4.7	34.8	23.8	14.7	37.3	128.9	156.1	55.4	5.2	29.1	6
8	大连	0	0.1	14.5	19.8	10.5	57.9	34.8	39.3	16.3	26.1	30.5	0.6
9	长春	0.3	2.3	30.3	17.5	38	83.9	60	187.6	16.4	10.7	12.4	4
10	哈尔滨	2.6	2.9	23.3	12.8	42.6	80.5	98.4	108	6.3	7.4	6.4	6.8
11	上海	48.1	22.5	116	72.7	104.5	613.1	74.8	274.1	25.8	30.7	35.5	1.5
12	南京	18.7	22.1	55.1	68.4	82.6	371.4	71.7	296.2	65.2	148.7	31.2	0
13	杭州	54.7	26.9	191.8	136.3	156.8	648.3	128.4	346.3	26.6	62.8	34.5	0.3
14	合肥	14.9	21.9	71.4	91.2	89.6	176.4	27.7	180.8	43.9	146.4	30.4	0
15	福州	87.9	14.7	169.5	159.8	199.9	52.4	202.5	254	264.8	71.8	4.7	8
16	南昌	110.2	9.2	250.9	395.4	352.8	434.3	282.7	425.9	30.3	48.1	26.7	0
17	济南	0	0.6	20.7	10.9	91.8	112.9	113.9	123.3	24.5	46.9	8.6	0.9
18	青岛	0	0.6	1.3	26.7	111.8	104.5	57.1	99.1	129.6	72.2	11.1	0
19	郑州	0	0	34.8	37.7	31.2	28.5	230.7	94.3	104	73.3	5.7	0
20	武汉	24.7	8.4	64	229.5	177.4	469.4	77.1	143.2	51.2	86	27.4	0

图 25.1　表中部分数据

(1) 新建文件。选择 File→New File 命令，打开程序窗口，输入如下代码：

```
#e25.1.py 城市降水量数据对比
import matplotlib.pyplot as plt
import pandas as pd
#设置 matplotlib 使用的中文字体为黑体
plt.rcParams['font.family'] = 'SimHei'
#读取文件。数据文件"降水量.csv"要和程序文件在同一文件夹下
df=pd.read_csv("降水量.csv")
#设置数据
x=df["城市"].tolist()
y1=df["1 月"].tolist()
y4=df["4 月"].tolist()
y8=df["8 月"].tolist()
#设置坐标轴标题，并设置横坐标纵向显示
fig=plt.figure(figsize=(14,5),facecolor="lightyellow")
plt.xlabel('城市')
plt.ylabel('降水量(mm)')
plt.xticks(rotation=90)
#下面绘图使用了红、绿、蓝的颜色简写 r,g,b
plt.plot(x,y1,marker='*', color='r',label="1月平均降水量")
plt.plot(x,y4,marker='.', color='g',label="4月平均降水量")
plt.plot(x,y8,marker='h', color='b',label="8月平均降水量")
plt.title("xx 年部分月份全国主要城市降水量")
plt.tight_layout()      #调整图像布局，使坐标完整显示
plt.legend()            #显示图例
plt.show()
```

 小贴士

　　程序首先使用 pandas 库，将数据读入二维列表 dataframe 数据类型，然后选取作图需要的数据，转换成列表格式。接下来，使用 plt.figure 定义画布尺寸和画布颜色。用 plt.plot 绘制折线图，plt.plot 括号中的参数，依次是横坐标和纵坐标数据、颜色和图例。

plt.tight_layout 用来调整图表布局,当横坐标文字较多时,默认情况下不能全部显示,使用这条语句可以自动进行调整。plt.legend 用来设置图表的图例。

(2) 选择 File→Save 命令,保存文件,文件名为"e25.1.py"。

(3) 选择 Run→Run Module 命令,运行程序文件。程序的运行结果如图 25.2 所示。

图 25.2 数据对比折线图

25.2 城市对比折线图

编写带窗口的 python 程序"e25.2.py",实现两个城市降水量的对比图显示。程序可以根据不同的输入,显示相应的对比折线图。

(1) 新建文件。

(2) 编写代码。

```
#e25.2.py 城市降水量数据对比
import pandas as pd
import tkinter as tk
from matplotlib.backends.backend_tkagg import FigureCanvasTkAgg
import matplotlib.pyplot as plt
plt.rcParams['font.family'] = 'SimHei'
# 创建窗口和控件
root = tk.Tk()
root.title('城市降水量折线图')
root.geometry('1000x400')
root.configure(bg="lightblue")
frame = tk.Frame(root)
label1=tk.Label(root,text='城市 1',bg="lightblue")
label1.place(relx=0.05,rely=0.1)
label2=tk.Label(root,text='城市 2',bg="lightblue")
label2.place(relx=0.05,rely=0.3)
entry1=tk.Entry(root, width=10)
entry2= tk.Entry(root, width=10)
#放置一个框架,用窗体右侧的一部分放置绘图画布
frame.place(relx=0.2, rely=0, relwidth=0.8, relheight=1)
```

```
entry1.place(relx=0.1,rely=0.1)
entry2.place(relx=0.1,rely=0.3)
# 读取 csv 文件
df = pd.read_csv('降水量.csv')
x= df.columns[1:].tolist()
city=df["城市"].tolist()
# 创建按钮单击事件
def 查询():
    城市1=entry1.get()
    城市2=entry2.get()
    if 城市1 not in city or 城市2 not in city:
        tk.messagebox.showwarning("警告", "您输入的城市不在列表中！")
        entry1.delete(0, tk.END)
        entry2.delete(0, tk.END)
    else:
        y1= df.loc[df['城市'] == 城市1].values[0].tolist()[1:]
        y2= df.loc[df['城市'] == 城市2].values[0].tolist()[1:]
        fig=plt.figure(figsize=(9,4),facecolor="lightyellow")
        plt.plot(x, y1, marker='o',label=城市1)
        plt.plot(x, y2, marker='*',label=城市2)
        plt.legend()
        plt.title("{}和{}降水量对比图".format(城市1,城市2))
        # 将 Matplotlib 图形嵌入到 Tkinter 窗口中
        canvas = FigureCanvasTkAgg(fig, master=frame)
        canvas_widget = canvas.get_tk_widget()
        #放置 canvas 在 frame 中
        canvas_widget.place(relx=0, rely=0, relwidth=1, relheight=1)
        label3=tk.Label(root,anchor='w',text="%s 总降水量: %.2f\n%s 总降水
量: %.2f"%(城市1,sum(y1),城市2,sum(y2)))
        label3.place(relx=0,rely=0.8)
button = tk.Button(root, text='查询',width=10, command=查询)
button.place(relx=0,rely=0.5)
# 运行主循环
root.mainloop()
```

小贴士

　　程序中加入了窗口模块 tkinter，窗口左侧显示两个输入框和一个按钮，用户可以在输入框中输入两个城市的名称，右侧是一个框架控件 frame，用来显示 matplotlib 绘制的图形对象。单击按钮后在 frame 中显示两个城市全年降水量的对比图形。

　　(3) 保存运行。将文件保存，文件名为"e25.2.py"。运行程序，显示窗口如图 25.3 所示。在输入框，城市 1 输入"上海"，城市 2 输入"昆明"。单击"查询"按钮，显示的折线图如图 25.4 所示。尝试输入其他城市，查看结果的变化。

图 25.3　程序运行窗口

图 25.4　两座城市的对比折线图

实验二十六　网络爬虫

知识目标

- 理解网络爬虫的基本流程。
- 掌握正则表达式的应用。
- 学会使用 requests 库和 BeautifulSoup 库。

能力目标

能够运用相关函数库进行信息爬取，并使用正则表达式进行信息解析。

素质目标

自动化信息获取的过程体现了抽象和模型化的思想以及算法和逻辑的重要性。

相关知识 ⌄

requests 库　BeautifulSoup 库　正则表达式

以沈阳师范大学的"师大要闻"栏目(http://news.synu.edu.cn/39/list1.htm)为例，使用 Python 语言收集新闻页面，并将每个新闻页面保存为文本文件。

26.1　分析网页结构

(1) 在浏览器地址栏输入"http://news.synu.edu.cn/39/list1.htm"，访问"师大要闻"首页，如图 26.1 所示。首页显示 10 条新闻。

(2) 单击页面下方的"下一页"链接，显示下一页的 10 条新闻内容，同时网址变为"http://news.synu.edu.cn/39/list2.htm"。

(3) 单击某个新闻标题，在新页面显示新闻内容，新闻内容页面的网址格式为"http://news.synu.edu.cn/2024/1115/c39a97097/page.htm"。

分析可知，"师大要闻"的存储结构为：

框架页面存储在"news.synu.edu.cn/39/"路径下，文件名依次为 list1、list2、…

新闻页面存储在"news.synu.edu.cn/年/月日/字母数字混合文件夹名/"路径下，文件名为 page.htm。

图 26.1　"师大要闻"首页

26.2　代码抓取页面

（1）安装 requests 库和 BeautifulSoup 库。在命令行环境下使用"pip install requests"和"pip install beautifulsoup4"命令安装这两个第三方库。安装成功后如图 26.2 所示。

（2）在 IDLE 中，选择 File→New File 命令，创建一个新程序"e26.1.py"。

126

图 26.2　安装 requests 库和 BeautifulSoup 库

(3) 在新程序窗口中编写以下代码。

```
#e26.1.py 抓取师大要闻
import requests as rs
from bs4 import BeautifulSoup
import re
def save(t,synu):
    f=open("d:\\synu_news\\"+t+".txt","wb")
    f.write(synu.encode("utf-8"))
    f.close()
def 抓新闻页面(url):
    final=""
    r=rs.get(url)
    r.encoding="utf-8"
    soup=BeautifulSoup(r.text,features="html.parser")
    news_article = soup.select('div.wp_articlecontent > p')
    for i in range(len(news_article)-1):
        if news_article[i].text!="":final += "    "+news_article[i].text +
'\r\n'
    return final
n=0
for j in range(1,11):      #只抓取 10 页，可以根据需要加大或缩小循环终值
    框架号=j
    p=rs.get("http://news.synu.edu.cn/39/list"+str(框架号) +".htm")
    框架内容=p.text
    url_list=list(set(re.findall('href="/[a-zA-Z0-9\./\-]+page.htm"', 框
架内容)))
    #利用正则表达式查找新闻页面，加入列表
    #网页上有多项重复网址，利用集合数列类型的性质可以删除重复内容
    urllist=["http://news.synu.edu.cn"+u[6:len(u)-1] for u in url_list]
    #利用列表生成式形成完整的网址列表
    for k in urllist:
        新闻全文=抓新闻页面(k)
        n=n+1
        save("新闻"+str(n),新闻全文)
```

```
        print("框架页面 list%d，完成%d 个文件"%(框架号,urllist.index(k)+1))
else:
    print("抓取完毕，共抓取新闻页面%d 个"%(n))
```

(4) 在 D 盘创建一个名为 synu_news 的空文件夹，运行程序后，抓取的新闻页面将保存在该文件夹内。

(5) 保存程序并按 F5 键运行，运行过程中，IDLE 会提示当前抓取的框架和该框架下新闻页面的数量，如图 26.3 所示。访问 D 盘下的 synu_news 文件夹，可以查看保存的文本文件，如图 26.4 所示。

图 26.3　程序正在抓取页面　　　　图 26.4　抓取下来的新闻页面

小贴士

本例中，新闻文件以简单的"新闻 1.txt""新闻 2.txt"命名。如果需要在文件名中包含作者姓名、发布日期、新闻标题等信息，则需要进一步使用 BeautifulSoup 库对网页内容进行解析，提取相关字符串以构建完整的新闻文件标题。具体做法如图 26.4 所示。由于篇幅限制，此处不再详细展开。有关详细介绍，请参考"e26.2.py"文件。

图 26.4　以日期、作者和新闻标题命名的文件列表

实验二十七 PDF 文件转换为文本文件

实验目标

知识目标

- 掌握 pdfminer 库的使用。
- 了解字符编码的相关知识。

能力目标

能够运用库函数正确地进行文件格式转换操作。

素质目标

通过学习第三方库体验 python 的实用性与高效性，培养创新思维，提高信息素养。

相关知识 ⌄

pdfminer 库的 extract_text 函数　python 的字符编码

实验要求

　　PDF(Portable Document Format，可携带文档格式)是一种常见的文件格式，具有跨平台性，可在任何操作系统下通用。本实验将使用 Python 的第三方库 pdfminer.six，将 PDF 文件中的文字抓取出来，生成 txt 文本文件。

操作步骤

27.1 准备一个 PDF 文件

　　请注意，pdfminer.six 库只能解析由文本编辑软件生成的 PDF 文件，例如，Word 生成的 PDF 文件。对于扫描或拍摄形成的 PDF 文件，pdfminer.six 库无法提取其中的文字。例如，在 D 盘下有一个由文本编辑软件 Word 生成的"学校简介.pdf"文件，打开后如图 27.1 所示。

　　若将 PDF 文件中的文字复制到 Word 或文本文件中，会发现格式符号(如回车符等)被过滤，导致文字连续不易区分，如图 27.2 所示。使用 pdfminer.six 库的 extract_text 函数，可以较好地还原 PDF 文件中的文字格式。

图 27.1 PDF 文件内容展示

图 27.2 文字复制到 Word 中的格式问题

27.2 提取 PDF 文件中的文字

(1) 安装 pdfminer.six 库。可以使用 pip 来安装适用于 Python 3 的 PDFMiner 版本 pdfminer.six，在命令行环境下执行以下命令：

```
pip install pdfminer.six
```

图 27.3 第三方库 pdfminer.six 安装过程

(2) 在 IDLE 中，选择 File→New File 命令，创建一个名为"e27.py"的程序文件。

(3) 在新创建的程序文件中输入以下代码。

```
#e27.py 提取 PDF 文件中的文字
from pdfminer.high_level import extract_text
text=extract_text(r"d:\学校简介.pdf")
with open(r"d:\学校简介.txt","wb") as fd:
    fd.write(text.encode("utf-8"))    #将提取出的文本以 utf-8 编码保存在文本文件中
    fd.close()
```

(4) 保存程序并按 F5 键运行。运行结束后，访问 D 盘下的"学校简介.txt"文件，可以看到从 PDF 文件中提取出的文字内容，如图 27.4 所示，文件基本保持了原有 PDF 文件的文字格式。

图 27.4　从 PDF 文件中提取出的文本

小贴士

extract_text 函数在仅提供文件路径和文件名参数的情况下，默认提取 PDF 文件中的所有文字。该函数还提供了两个常用参数：page_numbers 和 maxpages，分别用于设置提取特定 PDF 文件页面号码和最大页面数。例如：

```
text=extract_text(r"d:\学校简介.pdf",page_numbers=[0,2,4])
#提取 PDF 文件中的第 0、2、4 页的文字
text=extract_text(r"d:\学校简介.pdf",maxpages=5)
#提取 PDF 文件中的前 5 页文字
```

附录 A   turtle 库常用命令

类　别	命　令	说　明
绘制和 移动命令	forward(distance)	向当前画笔方向移动 distance 像素长度，可简写为 fd()
	backward(distance)	向当前画笔相反方向移动 distance 像素长度，可简写为 back()或 bk()
	circle(radius, extent,steps=N)	画圆。radius 为半径，可为正(负)，表示圆心在画笔的左边(右边)画圆；extent 为圆心角，省略该参数画完整的圆，添加该参数画圆弧；steps=参数绘制内切于圆或者圆弧的 n 边形
	dot(r,color)	绘制一个指定直径和颜色的圆点
	right(degree)	按当前方向顺时针旋转到 degree 角度，可简写为 rt()
	left(degree)	按当前方向逆时针旋转到 degree 角度，可简写为 lt()
	setheading(angle)	设置当前朝向为 angle 角度，海龟初始正右方为 0°，可简写为 seth()
	setx()	将海龟画笔 x 轴移动到指定坐标
	sety()	将海龟画笔 y 轴移动到指定坐标
	goto(x,y)	将海龟画笔移动到坐标为 x,y 的位置，相当于一次设置了 setx 和 sety
	home()	设置当前海龟画笔位置为原点，指向正右方
	stamp()	在当前位置画一个印章(海龟箭头的形状)，并记录该印章 id
	clearstamp(id)	清除某 id 的印章
	clearstamps(n)	清除前 n 个印章
	write(str ,font=("font-name", font_size,"font_type"))	在海龟画笔处写文本。str 为文本内容；font 是可选的字体的参数，可设置字体、字号、字型
	undo()	撤销上一个动作
	clearscreen()	清除画布上的笔迹，可简写为 clear()
画笔和 绘图状态	pendown()	落笔，移动海龟画笔时绘制图形，可简写为 pd()
	penup()	提笔，移动海龟画笔时不绘制图形，可简写为 pu()或 up()
	isdown()	判断画笔是否落下，结果为逻辑值
	shape(形状参数)	设置海龟画笔的形状，默认为箭头，还可以设置为 turtle、circle、square、triangle、classic 等形状
	shapesize()	设置画笔大小，默认为 1 像素
	hideturtle()/showturtle()	隐藏/显示海龟画笔
	pensize()	设置画笔宽度，默认为 1 像素

续表

类　别	命　令	说　明
画笔和绘图状态	pen()	可设置多个画笔状态，例如，pen(pencolor="red", fillcolor="green",pensize=10)
	speed(0-10)	设置画笔移动速度。由 1 到 10 依次加快，0 为最快速度
	delay()	设置绘图延迟。数值越大，画得越慢
	tracer()	设置为 0 或 False 时，关闭绘图状态，直接显示最后结果；默认为 1，正常绘图；可以加第二参数，设置绘图延迟，数字越大，画得越慢
颜色控制	pencolor()	设置海龟画笔颜色，括号内加颜色字符串或颜色代码
	fillcolor()	设置填充颜色，括号内加颜色字符串或颜色代码
	color(color1, color2)	可同时设置画笔颜色和填充颜色
	colormode()	设置用数字代表颜色。参数可以设置为 1.0 或 255。使用 1.0 时，用三个小数代表三原色的量，例如 colormode(0.8,0.2,0.4)；使用 255 时，用三个整数代表三原色的量，例如，colormode(255,255,0)
	begin_fill()	设置开始填充位置
	end_fill()	在上一个开始填充位置后绘制的图形中，填充 fillcolor 指定的颜色
窗口设置	setup(width,height,left,top)	设置海龟窗口的宽度、高度和显示位置。Width 和 height 为正数时代表像素，为小数时代表占显示器的百分比。省略 left 和 top 参数，窗口显示在屏幕正中
	screensize(width,height,color)	设置画布的宽度、高度和颜色
	bgcolor()	设置背景颜色
	bgpic()	设置背景图片，括号内给出图片文件的路径和文件名
	resetscreen()	重置画布，可简写为 reset()
	bye()	关闭海龟窗口
	title()	设置海龟窗口的标题
输入	textinput()	显示输入框，可以输入文字信息
	numinput()	显示输入框，可以输入数字信息

附录 B　实训教材习题

一、单选题

1. 下列(　　)语言不属于现有计算机语言演变过程。
    A. 机器语言　　　　　　　　　　　　B. 汇编语言
    C. 高级语言　　　　　　　　　　　　D. 自然语言
2. 下列选项中不属于结构化程序设计原则的是(　　)。
    A. 模块化　　　　　　　　　　　　　B. 逐步求精
    C. 可封装　　　　　　　　　　　　　D. 自顶向下
3. 结构化程序所要求的基本结构不包括(　　)。
    A. 重复(循环)结构　　　　　　　　　B. 选择(分支)结构
    C. 顺序结构　　　　　　　　　　　　D. goto 跳转
4. 在进行程序设计时，应该遵循的原则是(　　)。
    A. 不限制 goto 语句的使用　　　　　B. 程序结构应该有助于读者理解
    C. 程序越短越好　　　　　　　　　　D. 减少或者取消注释行
5. 程序设计，主要强调的是(　　)。
    A. 程序的易读性　　　　　　　　　　B. 程序的规模
    C. 程序的效率　　　　　　　　　　　D. 程序的先进性
6. 程序流程图中，用(　　)形状代表判断。
    A. 矩形　　　　B. 椭圆形　　　　C. 菱形　　　　D. 箭头
7. 下面的特点不属于 Python 语言的是(　　)。
    A. 非开源　　　　B. 免费　　　　C. 跨平台　　　　D. 解释执行
8. 下面导入标准库的语句，不正确的是(　　)。
    A. from math import sqrt　　　　　　B. from random import random
    C. from math import *　　　　　　　D. import *
9. Python 安装扩展库常用的工具是(　　)。
    A. import　　　　B. pip　　　　C. def　　　　D. from
10. 运行 Python 的快捷键是(　　)。
    A. Alt+F5　　　　B. F5　　　　C. Ctrl+F5　　　　D. Win+F5
11. 在 IDLE 环境中，如果想重复以前执行过的命令，可以使用(　　)快捷键。
    A. Alt+N 或 Alt+P　　B. Ctrl+X　　　C. Ctrl+C　　　D. Ctrl+[
12. Python 程序文件的扩展名为(　　)。
    A. .txt　　　　B. .psd　　　　C. .docx　　　　D. .py
13. Python 程序的两种运行方式为(　　)。
    A. 命令行，文件执行　　　　　　　　B. 命令行，立即执行
    C. 编译执行，文件执行　　　　　　　D. 解释执行，编译执行

14. 高级语言的程序基本结构 IPO，分别是(   )。

    A. 数据处理，数据输入，数据输出　　　　B. 数据输入，数据处理，数据输出

    C. 数据输入，数据输出，数据处理　　　　D. 数据输出，数据输入，数据处理

15. Python 中使用(   )表示代码块，不需要使用大括号。

    A. 中括号　　　　　B. 小括号　　　　　C. 缩进　　　　　D. #号

16. Python 中使用(   )注释语句和运算。

    A. 冒号:　　　　　B. 双引号"　　　　　C. #号　　　　　D. 单引号'

17. 运行 Python 程序可以使用的快捷键为(   )。

    A. F1　　　　　B. F10　　　　　C. F4　　　　　D. F5

18. Python 语言的官方网址是(   )。

    A. https://www.python.com/　　　　　B. https://www.python.edu.cn/

    C. https://pypi.python.org/pypi　　　　　D. https://www.python.org/

19. 下面选项中是 Python 合法关键字的是(   )。

    A. 7a_b　　　　　B. a_b　　　　　C. _a$b　　　　　D. 7ab

20. 下面的选项中，叙述正确的是(   )。

    A. Python 3.x 与 Python 2.x 兼容

    B. Python 语句只能以程序方式执行

    C. Python 是解释性语言

    D. Python 语言出现得晚，具有其他高级语言的一切优点

21. 在定义一个新的类时，不能定义这个类的(   )。

    A. 类名　　　　　B. 数据类型　　　　　C. 属性　　　　　D. 方法

22. 下列选项中，不是 Python 的关键字的是(   )。

    A. for　　　　　B. true　　　　　C. if　　　　　D. import

23. 下列选项中，不是 Python 合法的变量名的是(   )。

    A. _AI　　　　　B. TempStr　　　　　C. 3_1　　　　　D. i

24. 下列选项中描述错误的是(   )。

    A. 使用 import turtle 引入 turtle 库

    B. 使用 import turtle as t 引入 turtle 库，取别名为 t

    C. 可以使用 from turtle import setup 引入 turtle 库

    D. import 关键字用于导入模块或者模块中的对象

25. 在一行中写多条 Python 语句时，需要使用的符号是(   )。

    A. 逗号　　　　　B. 点号　　　　　C. 冒号　　　　　D. 分号

26. 下列选项中描述错误的是(   )。

    A. 注释可以用于解释代码原理或者用途

    B. 注释可以辅助程序调试

    C. Python 注释语句不被解释器过滤掉，也不被执行

    D. 注释可用于标明作者和版权信息

27. 下列选项不是 Python 的数据类型的是(   )。

    A. 整数　　　　　B. 浮点数　　　　　C. 字符串　　　　　D. 实数

28. 下列选项中可用作 Python 标识符的是(　　)。

　　A. Ab_c　　　　　　B. 3B9909　　　　　C. it's　　　　　D. ^_^

29. 关于 Python 的"缩进", 下列选项中正确的是(　　)。

　　A. 缩进必须统一为 4 个空格

　　B. 缩进在程序中长度统一且强制使用

　　C. 缩进可以用在任何语句之后, 表示语句间的包含关系

　　D. 缩进是非强制性的, 仅为了提高代码可读性

30. 下列选项中不是 Python 合法标识符的是(　　)。

　　A. MyGod　　　　　B. 5MyGod　　　　　C. _MyGod_　　　　D. MyGod5

31. Python 3.5 版本的保留字(关键字)总数是(　　)。

　　A. 33　　　　　　　B. 29　　　　　　　C. 28　　　　　　　D. 35

32. 关于 Python 的类, 下列说法错误的是(　　)。

　　A. 类的实例方法必须创建对象后才可以调用

　　B. 类的实例方法在创建对象前才可以调用

　　C. 类的类方法可以用对象和类名来调用

　　D. 类的静态属性可以用类名和对象来调用

33. Python 中, 标准库和第三方库用(　　)命令导入后才能使用。

　　A. input　　　　　　B. import　　　　　C. print　　　　　D. eval

34. 使用(　　)方法, 可以让对象像函数一样被调用。

　　A. str() 　B. iter() 　C. call() 　D. next()

35. 下面选项描述不正确的是(　　)。

　　A. forward(distance) 向当前画笔方向移动 distance 像素长度, 可简写为 fd()

　　B. right(degree) 按当前方向顺时针旋转到 degree 角度, 可简写为 rt()

　　C. left(degree) 按当前方向顺时针旋转到 degree 角度, 可简写为 lt()

　　D. setheading(angle) 设置当前朝向为 angle 角度。海龟初始正右方为 0°, 可简写为 seth()

36. 下面选项中描述不正确的是(　　)。

　　A. pendown() 落笔。移动海龟画笔时绘制图形, 可简写为 pd()

　　B. penup() 提笔。移动海龟画笔时不绘制图形, 可简写为 pu()或 up()

　　C. circle(radius, extent,steps=N) 画圆。radius 为半径, 只能为正, 不能为负

　　D. goto(x,y) 将海龟画笔移动到坐标为 x,y 的位置

37. 下面选项中描述不正确的是(　　)。

　　A. clear() 清除画布上所绘制的图形, 海龟画笔位置和方向不变

　　B. home() 设置当前海龟画笔位置为原点, 指向正上方

　　C. pencolor() 设置海龟画笔颜色, 括号内加颜色字符串或颜色代码

　　D. fillcolor() 设置填充颜色, 括号内加颜色字符串或颜色代码

38. 关于 turtle 库中的 setup()函数, 以下选项中描述错误的是(　　)。

　　A. turtle.setup 函数的作用是设置主窗体的大小和位置

　　B. turtle.setup 函数的作用是设置画笔的尺寸

C. 执行下面的代码，可以获得一个宽为屏幕的 50%、高为屏幕的 75%的主窗口

```
import turtle
turtle.setup(0.5,0.75)
```

D. setup()函数的定义为 turtle.setup(width,height,startx,starty)

39. 关于 turtle 库的形状绘制函数，以下选项中描述错误的是(　　)。

    A. turtle.seth(to_angle) 函数的作用是设置小海龟当前行进方向为 to_angle，to_angle 是角度的整数值

    B. circle()函数的定义为 turtle.circle(radius,extent=None,steps=None)

    C. 执行如下代码，绘制得到一个角度为 120°、半径为 180 的弧形

```
import turtle
turtle.circle(120,180)
```

    D. turtle.fd(distance)函数的作用是向小海龟当前行进方向前进 distance 距离

40. x=5，执行语句 y=x**2 后，y 的值为(　　)。

    A. 5　　　　　　　　B. 10　　　　　　　　C. 15　　　　　　　　D. 25

41. 语句 print(10,20,30,sep=':')的输出结果为(　　)。

    A. 10:20:30　　　　B. 10 20 30　　　　　C. 10，20，30

    D.
    10
    20
    30

42. print(10,20,sep=',',end='*')的结果为(　　)。

    A. 10,20*　　　　　B. 10 20　　　　　　C. 10,20　　　　　　D. 10 20*

43. 执行如下代码后：

```
>>> a=input()
>>> b=input()
```

分别输入"冬天"和"春天"，要显示"好想对你说，冬天过去了，春天一定会来的!"，正确的 print 语句为(　　)。

    A. >>> print('好想对你说，%d 过去了，%s 一定会来的!'%(a,b))

    B. >>> print('好想对你说，%s 过去了，%s 一定会来的!'%(a,b))

    C. >>> print('好想对你说，%s 过去了，%s 一定会来的!'%(a))

    D. >>> print('好想对你说，%s 过去了，春天一定会来的!'%(a,b))

44. 执行如下代码后，显示的结果为(　　)。

```
>>> pi=3.1415926
>>> r=10
>>> area=pi*r**2
>>> print('%.2f'%area)
```

    A. 314.15926　　　　　　　　　　　　B. 314.16

    C. 3.141593e+02　　　　　　　　　　 D. 3.141593*100

45. 执行如下代码后，显示的结果为(　　)。

```
>>> pi=3.1415926
>>> r=10
>>> area=pi*r**2
>>> print('%e'%area)
```

    A. 3.141593e+02　　　　　　　　B. 314.15926

    C. 314.16　　　　　　　　　　　D. 3.141593E+02

46. 执行如下代码后，显示的结果为(　　)。

```
>>> x=10
>>> y=3
>>> s='x**y'
>>> print(eval(s))
```

    A. 1000　　　　B. x**y　　　　C. error　　　　D. 'x**y'

47. 执行如下代码，当输入 100 和 200 后，显示的结果为(　　)。

```
a=input()
b=input()
c=a+b
print(c)
```

    A. 300　　　　B. 100200　　　　C. a+b　　　　D. 200

48. 执行如下代码，当输入 100 和 200 后，显示的结果为(　　)。

```
a=eval(input())
b=eval(input())
c=a+b
print(c)
```

    A. 300　　　　B. 100200　　　　C. 100　　　　D. 200

49. 定义类如下，选项中错误的是(　　)。

```
class  Test():
    pass
```

    A. 该类实例中包含_dir_()方法

    B. 该类实例中包含_hash_()方法

    C. 该类实例中只包含_dir_()方法，不包含_hash_()方法

    D. 该类虽然没有定义任何方法，但该实例中包含默认方法

50. 表达式 7//3**2 的结果为(　　)。

    A. 4　　　　B. 0　　　　C. 1　　　　D. 2

51. 执行如下代码，显示的结果为(　　)。

```
>>> x=10
>>> y=30
>>> s='x+y'
>>> print(eval(s))
```

A. 40   B. x+y   C. error   D. 1040

52. 下列关于 self 的说法错误的是(　　)。

    A. 在类中定义实例方法时，通常第一个参数是实例对象本身，命名为 self

    B. self 代表类的实例，而非类

    C. 把 self 换成 this，结果一样

    D. _init_ 方法的第二个参数必须是 self

53. 表达式 1<2<3 的值为(　　)。

    A. true   B. false   C. True   D. False

54. 表达式 (7%3)**2 的结果为(　　)。

    A. 4   B. 0   C. 1   D. 2

55. 以下代码的输出结果是(　　)。

```
x=12+2*((5*8)-14)//6
print(x)
```

    A. 25.0   B. 65   C. 20   D. 24

56. 以下关于 Python 语言的描述中，正确的是(　　)。

    A. 条件 4<=5<=6 是合法的语句，结果为 False

    B. 条件 4<=5<=6 是不合法的语句

    C. 条件 4<=5<=6 是合法的语句，结果为 True

    D. 条件 4<=5<=6 是不合法的语句，抛出异常错误

57. 表达式 3**2*4//6%7 的计算结果为(　　)。

    A. 3   B. 5   C. 4   D. 6

58. 以下代码的输出结果为(　　)。

```
a=10.98
print(complex(a))
```

    A. 0.98   B. 10.98i+j   C. 10.98   D. (10.98+0j)

59. 在 Python 中，以下(　　)是正确表达的数字。

    A. 0B1014   B. 0b1010   C. 0B1019   D. 0bC3F

60. 以下代码的输出结果为(　　)。

```
a=3.6e-1
b=4.2e3
print(b-a)
```

    A. 4199.64   B. 7.8e2   C. 0.6e-4   D. 4199.064

61. 以下关于内置函数的说法错误的是(　　)。

    A. 内置函数是不需要使用 import 语句导入，可以直接使用的函数

    B. 绝对值 abs()函数是内置函数

    C. 序列 range()函数是内置函数

    D. 开平方 sqrt()函数是内置函数

62. 表达式 divmod(40,3)的结果为(　　)。

A. 13，1   B. (13，1)   C. 13   D. 1

63. 下面(   )语句在 Python 中是不允许使用的。

A. x=y=z=1   B. x=(y=z+1)

C. x,y=y,x   D. x+=y

64. 假设 x=2，赋值语句 x*=3+5**2 的结果是(   )。

A. 28   B. 56   C. 31   D. 30

65. 下列关于对象的说法，错误的是(   )。

A. Python 中的一切内容都可以是对象

B. 对象是类的实例

C. 类不是一个具体的实体，对象才是一个具体的实体

D. 在 Python 中，一个对象的特征也称为方法

66. 下列关于类和对象的关系的叙述正确的是(   )。

A. 包含关系   B. 对等关系

C. 抽象与具体的关系   D. 对象是类的抽象

67. 下面表达式的计算结果为 0 的选项是(   )。

A. 4*3*2//(6%3)   B. 4*3*2//6%3

C. 4*3**2/6%3   D. 4*3**2//6%3

68. 关于 Python 语句 P= - P，以下选项中描述正确的是(   )。

A. P 的绝对值   B. P 等于它的负数

C. P=0   D. 给 P 赋值为它的相反数

69. 下面代码的执行结果是(   )。

```
print(pow(3,0.5)*pow(3,0.5)==3)
```

A. 3   B. pow(3,0.5)*pow(3,0.5)==3

C. True   D. False

70. 用来判断当前 Python 语句是否在分支结构中的是(   )。

A. 缩进   B. 大括号   C. 冒号   D. 引号

71. 以下选项中描述正确的是(   )。

A. 条件 24<=28<25 是不合法的

B. 条件 35<=45<75 是合法的，且输出为 False

C. 条件 24<=28<25 是合法的，且输出为 True

D. 条件 24<=28<25 是合法的，且输出为 False

72. 用于生成随机小数的函数是(   )。

A. randrange()   B. randint()

C. random()   D. getrandbits()

73. 以下选项中能够最简单地在列表['apple','pear','peach','orange']中随机选取一个元素的是(   )。

A. choice()   B. random()

C. sample()   D. shuffle()

74. 下面代码的输出结果是( )。

```
for i in range(5):
    print(123,end='; ')
```

    A. 123;123;123;123;123;   B. 123 123 123 123 123;

    C. 123;123;123;123;123   D. 123 123 123 123 123

75. 下面代码的输出结果是( )。

```
for i in range(1,10,3):
    print(i,end=" ")
```

    A. 1 4 7   B. 1 3 5 7 9

    C. 1 5 9   D. 1 4 7 10

76. 表达式 5 if 5>6 else(6 if "3">"2" else 5)的值是( )。

    A. 6   B. 5   C. 2   D. 3

77. 执行下列程序语句后，print(n)输出结果为( )。

```
k=1000
n=0
while k>1:
    n+=1
    k=k//2
print(n)
```

    A. 9   B. 10   C. 11   D. 8

78. 执行下列程序语句后，print(n)输出结果为( )。

```
k=1000
n=0
while k>=1:
    n+=1
    k=k//2
print(n)
```

    A. 9   B. 10   C. 11   D. 12

79. 执行下列程序语句后，print(n)输出结果为( )。

```
k=1000
n=0
while k>1:
    n+=1
    k=k/2
print(n)
```

    A. 9   B. 10   C. 11   D. 12

80. 执行下列程序语句后，输出结果为( )。

```
for i in "python":
    for j in range(1,4):
        print(i,end="")
```

A. pythonpythonpython　　　　　B. pyth

C. python　　　　　D. pppyyyttthhhooonnn

81. 执行下列程序语句后，输出结果为(　　)。

```
for i in "python":
    for j in range(1,4):
    if i=="t":
        break
    print(i,end="")
```

A. pythonpythonpython　　　　　B. pyth

C. python　　　　　D. pppyyyttthhhooonnn

82. 下列快捷键中能够中断 Python 程序运行的是(　　)。

A. Ctrl + F6　　　　　B. Ctrl + C

C. Ctrl + Q　　　　　D. F6

83. 下面的代码，不会输出 1、2、3 三个数字的是(　　)。

A.

```
for i in range(1,4):
    print(i)
```

B.

```
list1=[1,2,3]
for i in list1:
    print(i)
```

C.

```
i = 1
while i<4:
    print(i)
    i+=1
```

D.

```
for i in range(3):
    print(i)
```

84. 执行下列语句，当输入 100 和 200 后，输出结果为(　　)。

```
>>>a=input()
>>>b=input()
>>>c=a+b
>>>print(c)
```

A. 300　　　　　B. 100200

C. a+b　　　　　D. 200

85. 关于程序的异常处理，下列选项中描述错误的是(　　)。

A. 程序发生异常经过妥善处理后，程序可以继续执行

B. 异常语句可以与 else 和 finally 保留字配合使用

C. 编程语言中的异常和错误是完全相同的概念

D. Python 通过 try、except 等保留字提供异常处理功能

86. 下列 Python 保留字中，不用于表示分支结构的是(　　)。

　　A. elif　　　　　　　B. if　　　　　　　C. in　　　　　　　D. else

87. 关于 Python 的分支结构，下列选项中描述错误的是(　　)。

　　A. Python 中 if…elif…else 语句描述多分支结构

　　B. 分支结构使用 if 保留字

　　C. 分支结构可以向已经执行过的语句部分跳转

　　D. Python 中 if…else 语句用来形成二分支结构

88. 关于 Python 循环结构，下列选项中描述错误的是(　　)。

　　A. Python 通过 for、while 等保留字构建循环结构

　　B. 遍历循环中的遍历结构可以是字符串、文件、组合数据类型和 range()函数等

　　C. continue 结束整个循环过程，不再判断循环的执行条件

　　D. continue 用来结束当前这一次循环，但不跳出当前的循环体

89. 下面代码的输出结果为(　　)。

```
for s in "HelloWorld":
    if s=="W":
        continue
    print(s,end="")
```

　　A. Helloorld　　　　　　　　　　B. HelloWorld

　　C. World　　　　　　　　　　　　D. Hello

90. 实现多路分支的最佳控制结构为(　　)。

　　A. if　　　　　　　B. try　　　　　　C. if…elif…else　　D. if…else

91. 下列选项中能够实现 Python 循环结构的是(　　)。

　　A. loop　　　　　　B. while　　　　　C. if　　　　　　　D. do

92. 下面代码的输出结果是(　　)。

```
for i in range(1,6):
    if i%3 == 0:
        break
    else:
        print(i,end =",")
```

　　A. 1,2,　　　　　　　　　　　　　B. 1,2,3,

　　C. 1,2,3,4,5,6　　　　　　　　　　D. 1,2,3,4,5,

93. 对下列程序的描述错误的是(　　)。

```
try:
    #语句块1
except  IndexError as i:
    # 语句块2
```

　　A. 程序进行了异常处理，因此一定不会终止程序

B. 程序进行了异常处理，不会因 IndexError 异常引发终止

C. 语句块 1，如果抛出 IndexError 异常，不会因为异常终止程序

D. 语句块 2 不一定会执行

94. 下面程序段中的 k 取(   )时，程序的输出结果为 3。

```
if k<=10 and k >0:
    if k >5:
        if k>8:
            x=0
        else:
            x=1
    else:
        if k>2:
            x=3
        else:
            x=4
print(x)
```

    A. 3,4,5   B. 2,3,4   C. 5,6,7   D. 4,5,6

95. 下列 Python 语句正确的是(   )。

    A. min = x if x < y else min = y   B. max = x > y ? x : y

    C. if (x > y) print x   D. while True : pass

96. 以下程序的运行结果为(   )。

```
s=0
for i in range(0,100):
    if i%2==0:
        s-=i
    else:
        s+=i
else:
    print(s)
```

    A. 49   B. −49   C. 50   D. −50

97. 对于以下程序，描述错误的是(   )。

```
for i in range(1,10):
    for j in range(1,i+1):
        print("{}*{}={}\t".format(i,j,i*j),end="")
    print("")
```

    A. 代码执行错误

    B. 外层循环变量 i 的取值范围为 1 到 9

    C. 内层循环变量 j 的取值范围为 1 到 i

    D. 代码的作用是打出一个九九乘法表

98. list1=[1,2,3,4,5,6,7,8,9]，list1[3:7]的值为(   )。

    A. [4,5,6,7]   B. [5,6,7,9]

    C. [3,4,5,6]   D. [3,4,5,6,7]

99. 表达式[1,2,3]*3 的值为(　　　)。

　　A. [1, 2, 3, 1, 2, 3, 1, 2, 3]　　　　　　B. [1, 2, 3],[1, 2, 3], [1, 2, 3]

　　C. [1,1,1,2,2,2,3,3,3]　　　　　　　　D. [1,1,1],[2,2,2],[3,3,3]

100. 表达式 list(range(1, 11, 3)) 的值为(　　　)。

　　A. [1,4,7,10]　　　　　　　　　　　　B. [1,4,7]

　　C. [1,2,3]　　　　　　　　　　　　　　D. [1,3,5,7]

101. 已知 list1=[1,2,3]，执行语句 x=list1.append(4)后，x 的值为(　　　)。

　　A. [1，2，3，4]　　　　　　　　　　　B. [4，1，2，3]

　　C. [1，2，3]　　　　　　　　　　　　　D. 1，2，3，4

102. 已知 list1=[1,2,3]，执行 list1.pop()后的结果为(　　　)。

　　A. 1　　　　　　　B. 2　　　　　　　C. 3　　　　　　　D. None

103. 已知 list1=[1,2,3]，执行 list1.pop(2)后的结果为(　　　)。

　　A. 1　　　　　　　B. 2　　　　　　　C. 3　　　　　　　D. 出错

104. 已知 list1=[1,2,3,4]，执行 list1.pop()后的结果为(　　　)。

　　A. 1　　　　　　　B. 2　　　　　　　C. 3　　　　　　　D. 4

105. 已知 list1=[1,2,3,1,2,3]，执行 list1.pop(1)后，list1 的值为(　　　)。

　　A. [1,3,1,2,3]　　　　　　　　　　　B. [2,3,2,3]

　　C. [1,3,1,3]　　　　　　　　　　　　D. [1,2,3,1,2]

106. 已知 list1=[1,2]，list2=[1,3,4]，执行 list1+list2 后的结果为(　　　)。

　　A. 11　　　　　　　　　　　　　　　　B. 7

　　C. [1，2，3，4]　　　　　　　　　　　D. [1,2,1,3,4]

107. len([i*i for i in range(3)])的计算结果为(　　　)。

　　A. 3　　　　　　　B. 9　　　　　　　C. 4　　　　　　　D. 6

108. 已知 x={"a":1, "b":2}，则表达式"a" in x 的值为(　　　)。

　　A. True　　　　　B. False　　　　　C. 1　　　　　　　D. 2

109. 已知 x={"a":1, "b":2}，则表达式"b" in x 的值为(　　　)。

　　A. True　　　　　B. False　　　　　C. 1　　　　　　　D. 2

110. 已知 x={"a":1, "b":2}，则表达式 1 in x 的值为(　　　)。

　　A. True　　　　　B. False　　　　　C. 1　　　　　　　D. 2

111. 已知 x={"a":1, "b":2}，则表达式 1 in x.values()的值为(　　　)。

　　A. True　　　　　B. False　　　　　C. 1　　　　　　　D. 2

112. 已知 x={"a":1, "b":2}，则表达式 1 in x.items()的值为(　　　)。

　　A. True　　　　　B. False　　　　　C. 1　　　　　　　D. 2

113. 已知 list1=[1,2,3,4]，能输出[4, 3, 2, 1]的表达式为(　　　)。

　　A. list1[::-1]　　　　　　　　　　　　B. list1[::1]

　　C. list1[-4::-1]　　　　　　　　　　　D. list1[-4:-1:1]

114. 已知 list1=[1,2,3,4]，不能输出[1, 2, 3, 4]的表达式为(　　　)。

　　A. list1[0::1]　　　　　　　　　　　　B. list1[::1]

　　C. list1[0:3:1]　　　　　　　　　　　D. list1[::]

115. 下列语句不能创建一个字典的是(   )。
    A. dict1 = {}
    B. dict1={('五班', 7): ['张晓红', '女']}
    C. dict1={name="张平"，age=18}
    D. dict1={"name":"张平","age":18}

116. 下列对象(   )是不可变对象。
    A. 列表   B. 字符   C. 字典   D. 集合

117. 下列对象是可变对象的是(   )。
    A. 列表   B. 元组   C. 数值   D. 字符

118. 下列语句不能定义元组的是(   )。
    A. a=(1,4,7) B. a=(1) C. a=(1,) D. a=()

119. 表达式 type({3:3})的值为(   )。
    A. dict   B. int   C. set   D. str

120. 下列选项中，不是具体的 Python 序列类型的是(   )。
    A. 数组类型   B. 元组类型
    C. 列表类型   D. 字符串类型

121. 给定字典 d，下列选项中对 d.values()的描述正确的是(   )。
    A. 返回一个元组类型，包括字典 d 中所有值
    B. 返回一个列表类型，包括字典 d 中所有值
    C. 返回一种 dict_values 类型，包括字典 d 中所有值
    D. 返回一个集合类型，包括字典 d 中所有值

122. 给定字典 d，下列选项中可以清空该字典并保留变量的是(   )。
    A. d.remove()   B. del d
    C. d.clear()   D. d.pop()

123. 关于 Python 的元组类型，下列选项中描述错误的是(   )。
    A. 元组中元素不可以是不同类型
    B. Python 中元组采用逗号和圆括号(可选)来表示
    C. 元组一旦创建就不能被修改
    D. 一个元组可以作为另一个元组的元素，可以采用多级索引获取信息

124. 关于 Python 的列表，下列选项中描述错误的是(   )。
    A. Python 列表是一个可以修改数据项的序列类型
    B. Python 列表的长度不可变
    C. Python 列表用中括号"[ ]"表示
    D. Python 列表是包含 0 个或者多个对象引用的有序序列

125. 关于 Python 序列类型的通用操作符和函数，下列选项中描述错误的是(   )。
    A. 如果 s 是一个序列，x 是 s 的元素，x in s 返回 True
    B. 如果 s 是一个序列，x 不是 s 的元素，x not in s 返回 True
    C. 如果 s 是一个序列，s =[1,"kate",True]，s[﹣1] 返回 True
    D. 如果 s 是一个序列，s =[1,"kate",True]，s[3] 返回 True

126. 下列语句不能创建一个字典的是(   )。
    A. dict1 = {}
    B. dict2 = { 4 : 6 }
    C. dict3 = {[4,5,6]: "uesr"}
    D. dict4 = {(4,5,6): "uesr"}

127. 下列语句不能创建一个集合的是(   )。
    A. s = set ()
    B. s = set("abcd")
    C. s = (1, 2, 3, 4)
    D. s = frozenset((3,2,1))

128. 以下(   )类型不可以进行切片操作。
    A. str   B. list   C. dict   D. tuple

129. 下面代码的输出结果是(   )。

```
tupa = (12, 34.56)
tupb = ('abc', 'xyz')
tupc = tupa + tupb
print(tupc[1])
```

    A. 12   B. 34.56   C. abc   D. xyz

130. 下列选项中属于元组的是(   )。
    A. (21,32,43,45)   B. 'Hello'
    C. [21,32,43,45]   D. 21

131. 字典 dic1={'a':123, 'b':456, 'c':789}，len(dic1)的结果是(   )。
    A. 9   B. 12   C. 3   D. 6

132. 元组变量 t=("cat", "dog", "tiger", "human")，t[::-1]的结果是(   )。
    A. ['human', 'tiger', 'dog', 'cat']
    B. {'human', 'tiger', 'dog', 'cat'}
    C. 运行出错
    D. ('human', 'tiger', 'dog', 'cat')

133. 下列哪个选项不是面向对象的基本功能(   )。
    A. 保存   B. 封装   C. 继承   D. 多态

134. 关于 Python 列表，下列选项中描述错误的是(   )。
    A. s 是一个列表，a 是 s 的元素，a in s 返回 True
    B. s 是一个列表，s =[1,"kate",True]，s[3] 返回 True
    C. s 是一个列表，s =[1,"kate",True]，s[- 1] 返回 True
    D. s 是一个列表，a 不是 s 的元素，a not in s 返回 True

135. 列表 list1=[[9,8],[7,6],[5,4],[3,2],[1,0]]，能够获得数字 4 的选项是(   )。
    A. list1[3][2]   B. list1[-3][-1]
    C. list1[2][2]   D. list1[-2][0]

136. 下面命令的执行结果是(   )。

```
x="Hello"
y=2
print(x*y)
```

    A. Hello   B. HelloHello   C. Hell2   D. 2

137. str="this is a test"，执行命令 str.split()的结果是(　　)。

  A. ["this is a test"]   B. ['this', 'is', 'a', 'test']

  C. 'this', 'is', 'a', 'test'   D. None

138. str="this is a test"，执行命令 str.find('s')的结果是(　　)。

  A. 3 6 12   B. 3   C. 6   D. 12

139. str="this is a test"，执行命令 str.count()的结果是(　　)。

  A. 14   B. 出错   C. 4   D. None

140. str="this is a test"，执行命令 len(str.split())的结果是(　　)。

  A. 14   B. 出错   C. 4   D. None

141. str="this is a test"，执行命令 str.split(sep="s")的结果是(　　)。

  A. ['this', 'is', 'a', 'test']   B. ['thi', ' i', ' a te', 't']

  C. ['thi', 'i', 'ate', 't']   D. None

142. str="this is a test"，执行命令 str.replace("t","T")的结果是(　　)。

  A. 'this is a test'   B. 'This is a test'

  C. 'This is a Test'   D. 'This is a TesT'

143. 表达式 chr(ord('a')+5) 的值为(　　)。

  A. b   B. c   C. f   D. A

144. 语句"python" in "Hello Python!"的执行结果是(　　)。

  A. None   B. True   C. False   D. 出错

145. str="python 程序设计"，执行 str[2:6]命令后的结果是(　　)。

  A. 'ython'   B. 'thon'   C. '程序设计'   D. 'thon 程'

146. str="python 程序设计"，执行结果是"pto 程设"的选项是(　　)。

  A. str[0::2]   B. str[0:0:2]

  C. str[-1:-10:2]   D. str[-1:-10:-2]

147. str="python 程序设计"，执行 str[-1::-1]后结果是(　　)。

  A. 'python 程序设计'   B. '计设序程 nohty'

  C. '设序程 nohtyp'   D. '计设序程 nohtyp'

148. str="python\n 程序设计"，执行 print(str)的结果是(　　)。

  A. 'python\n 程序设计'   B. python

               程序设计

  C. 'python 程序设计'   D. 出错

149. 执行命令'123123123'.count('123')后的结果是(　　)。

  A. 3   B. 1   C. 9   D. None

150. 执行命令'hello python'.upper()后的结果是(　　)。

  A. 'Hello python'   B. 'Hello Python'

  C. 'HELLO PYTHON'   D. 'hello python'

151. 执行命令'hello python'.title()后的结果是(　　)。

  A. 'Hello python'   B. 'Hello Python'

  C. 'HELLO PYTHON'   D. 'hello python'

152. 表达式'Hello Python!'[-4]的值是( )。

    A. l   B. t   C. h   D. o

153. 下列对于函数的定义正确的是( )。

    A. def fun(a,*b):   B. def fun(a,2):

    C. def fun(*a,*b):   D. def fun(**a,b):

154. 下面命令的执行结果是( )。

```
x=10
def fun(x):
    x+=2
fun(x)
print(x)
```

    A. 12   B. 2   C. 10   D. 出错

155. 下面命令的执行结果是( )。

```
x=10
def fun(x):
    x+=2
    return x
print(fun(x))
```

    A. 12   B. 2   C. 10   D. None

156. 下面命令的执行结果是( )。

```
a=[1,2,3]
def fun(a):
    a.append(1)
fun(a)
print(a)
```

    A. [1]   B. [1,2,3]   C. [a]   D. 出错

157. Python 中定义函数的关键字是( )。

    A. return   B. def   C. range   D. for

158. 在函数内部可以通过关键字定义全局变量的是( )。

    A. global   B. def   C. for   D. chr

159. 如果函数中没有 return 语句或者 return 语句不带任何返回值，该函数的返回值为
( )。

    A. False   B. None   C. none   D. True

160. 执行下列语句后，输出的结果是( )。

```
fun=lambda x,y:max(x,y)
fun(3,4)
```

    A. 4   B. 3   C. 7   D. None

161. 执行下列语句后，输出的结果是( )。

```
fun=lambda x:x[len(x)-3]
fun([1,2,3,4,5,6])
```

A. 4   B. 6   C. 3   D. 5

162. 执行下列语句后，输出的结果是(   )。

```
fun=lambda x:x[0:len(x)-3]
fun([1,2,3,4,5,6])
```

    A. [1,2,3,4]   B. [1 2,3,4,5]
    C. [1,2]   D. [1,2,3]

163. 执行下列语句后，输出的结果是(   )。

```
f1=lambda x:x/3;f2=lambda y:y**2; print(f1(f2(6)))
```

    A. 4   B. 4.0   C. 12   D. 12.0

164. 执行下列语句后，输出的结果是(   )。

```
s=0
n=0
def func():
    global s
    for i in range(10):
        s+=1
    n=15
func()
print(s, n)
```

    A. 10 15   B. 10 0   C. 0 0   D. 9 0

165. 创建类时用变量形式表示的数据成员称为(   )。

    A. 类名   B. 类型   C. 属性   D. 方法

166. 执行下列语句后，输出的结果是(   )。

```
s=0
n=0
def func():
    global s
    for i in range(10):
        s+=i
    n=15
func()
print(s, n)
```

    A. 10 15   B. 10 0   C. 45 15   D. 45 0

167. 执行如下代码：

```
def func(a,b):
    c=a+b**2
    b=a
    return c
a=2
b=5
c=func(a,b)+b
```

下列选项中描述正确的是(　　　)。

    A. 执行该函数后，变量 c 的值为 27

    B. 执行该函数后，变量 a 的值为 5

    C. 执行该函数后，变量 b 的值为 2

    D. 该函数名称为 func

168. 执行如下代码：

```
def func(a,b):
    c=a+b**2
    b=a
    return c
a=2
b=5
c=func(a,b)+b
```

下列选项中描述正确的是(　　　)。

    A. 执行该函数后，变量 c 的值为 7

    B. 执行该函数后，变量 a 的值为 5

    C. 执行该函数后，变量 b 的值为 2

    D. 执行该函数后，变量 c 的值为 32

169. 表达式 sorted(["Hello", (2,3), 1,True], key=lambda x: len(str(x))) 输出的结果是
(　　　)。

    A. ["Hello", (2,3), 1,True]   B. [1, (2, 3) ,True, 'Hello']

    C. [1, True, 'Hello', (2, 3)]   D. [(2, 3) , 1,True,'Hello']

170. 执行下列语句后，输出的结果是(　　　)。

```
def func(k1=1,k2=2,k3=3):
    s=k1*2+k2+k3
    return s
print (func(k3=5,k1=3,k2=4))
```

    A. 7   B. 13   C. 15   D. 14

171. 执行下列语句后，输出的结果是(　　　)。

```
def func(k1=1,k2=2,k3=3):
    s=k1*2+k2+k3
    return s
print (func(3,4))
```

    A. 7   B. 13   C. 15   D. 14

172. 执行下列语句后，输出的结果是(　　　)。

```
def func(k1=1,k2=2,k3=3):
    s=k1*2+k2+k3
    return s
print (func(k3=5,k2=4))
```

    A. 11   B. 13   C. 15   D. 14

173. 执行下列语句后，输出的结果是(   )。

```
str = 'Hello'
def func():
    str = 'Python'
print(str)
func()
print(str)
```

    A. Hello   B. Python   C. Python   D. Hello

      Python   Python   Hello   Hello

174. 执行下列语句后，输出的结果是(   )。

```
def fun(y=2,x=4):
    global z
    z+=y*x
    return z
z=10
a=3
b=5
print(z,fun())
```

    A. 10 8   B. 8 8   C. 10 18   D. 10 12

175. 用来删除对象属性的函数是(   )。

    A. getattr() B. hasattr() C. setattr() D. delattr()

176. 执行下列语句后，输出的结果是(   )。

```
def fun(y=2,x=4):
    global z
    z+=y*x
    return z
z=10
a=3
b=5
print(z,fun(a,b))
```

    A. 10 8   B. 10 22   C. 10 25   D. 10 12

177. 执行下列语句:

```
import turtle
def func(**a):
    turtle.color(a["y2"],a["y3"])
    turtle.pensize(a["y4"])
    turtle.begin_fill()
    turtle.circle(a["y1"],steps=a["y5"])
    turtle.end_fill()
func(y1=70,y2="yellow",y3="red",y4=3,y5=6)
turtle.hideturtle()
```

输出为(   )边形。

    A. 3   B. 4   C. 5   D. 6

178. Python 读写文件的操作非常简单，使用(　　)函数可以打开一个文件。

    A. read()　　　　　　　B. write()　　　　　　C. open()　　　　　　D. close()

179. 下列(　　)模式，是 Python 使用 open()函数打开文件的默认访问模式。

    A. w　　　　　　　　　B. r　　　　　　　　　C. a　　　　　　　　　D. rb

180. 命令 fo = open("t.txt","w+")表示(　　)。

    A. 打开文件只用于写入。如果该文件已存在，就将其覆盖；如果该文件不存在，则创建新文件

    B. 以只读方式打开文件。文件的指针将会放在文件的开头

    C. 打开文件用于追加。如果该文件已存在，文件指针将会放在文件的结尾；如果该文件不存在，则创建新文件进行写入

    D. 打开文件用于读写。如果该文件已存在，就将其覆盖；如果该文件不存在，则创建新文件

181. Python 使用 open()函数打开文件时，下列说法错误的是(　　)。

    A. 可以使用绝对路径，从磁盘根目录开始一直到文件名

    B. 可以使用相对路径，指相对于当前程序所在的文件夹，同一个文件夹下的文件

    C. 如果文件在上一层文件夹，则要使用 "../"

    D. 以 "r" 方式打开文件；若文件不存在，则会创建新文件

182. 下列命令中，不是 Python 读取文件方法的是(　　)。

    A. read()　　　　　　　B. seek()

    C. readline()　　　　　D. readlines()

183. 下列关于 csv 文件的描述，错误的是(　　)。

    A. csv 格式是用逗号分隔开的数据格式

    B. csv 文件可以使用 Excel 打开

    C. Python 打开 csv 文件不能使用 open()函数

    D. csv 文件可以转换为 xlsx 文件

184. 下列函数中用来切换路径的是(　　)。

    A. os.getcwd()　　　　B. os.chdir()

    C. os.listdir()　　　　D. os.mkdir()

185. 关于 Python 内置 os 模块，下列说法错误的是(　　)。

    A. os 模块是与操作系统交互的一个接口

    B. os.remove()用于删除一个文件

    C. os.rename()用于重命名文件或文件夹

    D. os.rmdir()用于删除文件夹及其子文件夹

186. Python 使用(　　)命令来捕获异常。

    A. try/except　　　　　　　　　　　　B. if/else

    C. while　　　　　　　　　　　　　　D. for

187. 关于 Python 中的文件处理，下列选项中描述错误的是(　　)。

    A. Python 通过解释器内置的 open()函数打开一个文件

    B. Python 中，当文件以文本方式打开时，读写采用字节流方式

C. 文件使用后要用 close()方法关闭，以释放文件的使用授权

D. Python 能够以文本和二进制两种方式处理文件

二、判断题

1. Python 的标识符首字符可以是数字、字母或下画线。 （　　）

2. Python 的标识符区分字母的大小写，X 和 x 代表不同的变量。 （　　）

3. Python 3.x 版本完全兼容 Python 2.x 版本。 （　　）

4. Python 语言在 2008 年进行了一次大的版本升级，从 2.x 版本升级到 3.x 版本。这两种版本的语法一致，没有改变。 （　　）

5. 为了让代码更加紧凑，编写 Python 程序时应尽量避免加入空格和空行。 （　　）

6. 高级语言的执行方式可以分为编译执行和解释执行。Python 语言是一种编译执行的高级语言。 （　　）

7. 在 Python 中可以动态地增加或删除对象的属性。 （　　）

8. Python 中，可以认为 Student 和 student 是同一个变量。 （　　）

9. Python 中，可以用中文作为变量的名字。 （　　）

10. Python 中的一切内容都可以看成对象，包括字符串、列表和字典。 （　　）

11. Python 用代码中的缩进格式表示逻辑关系，所以对缩进的要求很严格。 （　　）

12. 使用 open()函数以 "w" 模式打开的文件，文件指针默认指向文件尾。 （　　）

13. 使用 open()函数打开文件时，只要文件路径正确就总是可以正确打开。 （　　）

14. os 库中的 remove()方法可以用来删除带有只读属性的文件。 （　　）

15. 在 Python 中可以使用 for 作为变量名。 （　　）

16. 加法运算符+也可以用来连接字符串并生成新字符串。 （　　）

17. os 标准库中的 exists()方法可以用来测试给定路径的文件是否存在。 （　　）

18. 标准库 os 中的方法 isdir()用来测试给定的路径是否为文件夹。 （　　）

19. 标准库 os 中的方法 listdir()返回包含指定路径中所有文件和文件夹名称的列表。

（　　）

20. 假设 random 模块已导入，表达式 random.sample(range(10), 7) 的作用是生成 7 个不重复的整数。 （　　）

21. Python 使用运算符 "//" 来计算除法。 （　　）

22. 转义字符 "\n" 的含义是换行符。 （　　）

23. 标准 math 库中用来计算幂的函数是 sqrt。 （　　）

24. 在 Python 中运算符 "+" 不仅可以实现数值的相加、字符串连接，还可以实现集合的并集运算。 （　　）

25. 使用 Windows 记事本不能打开二进制文件。 （　　）

26. 使用普通文本编辑器，可以正常查看二进制文件的内容。 （　　）

27. 二进制文件可以使用记事本或文本编辑器打开，但是一般来说无法正常查看其中的内容。 （　　）

28. 标准库 os 中的方法 isfile()用来测试给定的路径是否为文件夹。 （　　）

三、填空题

1. 如果把多条 Python 语句写在同一行，需要用(　　)符号将各条语句分隔开来。
2. 已知 x = 3，执行语句 x += 6 后，x 的值为(　　)。
3. 表达式 1234%1000//100 的值为(　　)。
4. 表达式(-(-(4-1)*-2-1)*-2-1)*-2-1 的结果为(　　)。
5. 设 a = 2，b = 3，c = 4，则表达式 print(not a <= c or 4*c == b**2 and b != a + c)的结果为(　　)。
6. 表达式 3.657e2 的结果为(　　)。
7. 已知 x = 3，执行语句 x *= 6 后，x 的值为(　　)。
8. 表达式 1234%1000//10 的值为(　　)。
9. 设 a = 2，b = 3，c = 4，则表达式 print(not a <= c and 4*c == b**2 or b != a + c)的结果为(　　)。
10. Python 对文件进行写入操作后，(　　)方法用来在不关闭文件对象的情况下，将缓冲区内容写入文件。
11. Python 用函数(　　)来打开或创建文件并返回文件对象。
12. 上下文管理关键字(　　)可以用来管理文件对象，不论何种原因结束该关键字中的语句块，都能保证文件被正确关闭。
13. Python 的 os 标准库中，能够列出指定文件夹中的文件和子文件夹列表的方法是(　　)。
14. 标准库 os.path 中，(　　)方法用来判断指定文件是否存在。
15. 标准库 os.path 中，能够判断指定路径是否为文件的方法是(　　)。
16. 标准库 os.path 中，用来判断指定路径是否为文件夹的方法是(　　)。
17. 标准库 os.path 中，用来获取指定路径中的文件扩展名的方法是(　　)。

四、阅读程序

1. 下面程序的运行结果为(　　)。

```
s = 0
for i in range(1,21):
    s += i
    if i == 10:
        print(s)
        break
    else:
        s-=1
```

2. 运行下面的程序，s 输入字符串"There are 4123 students in the school"(不包括双引号)，程序的运行结果为(　　)。

```
s= input('input a string:')
letter=space=digit=0
for c in s:
    if c.isalpha():
        letter+=1
```

```
    elif c.isspace():
        space+=1
    elif c.isdigit():
        digit+=1
print(letter+digit)
```

3. 下面程序的运行结果是(   )。

```
total=0
for i in range(1,4):
    for j in range(1,4):
        for k in range(1,4):
            if ((i!=j)and(j!=k)and(k!=i)):
                total+=1
print(total)
```

4. 运行下面的程序，n 输入 "10"(不包括双引号)，程序的运行结果为(   )。

```
n=eval(input("输入一个数字"))
if 1<=n<=20:
    x=10
elif n in [2,4,6]:
    x=20
elif n<10:
    x=30
elif n==10:
    x=40
print(x)
```

5. 运行下面的程序，x、y 分别输入 "42" 和 "77"(不包括双引号)，程序的运行结果为(   )。

```
x=eval(input('输入整数 x: '))
y=eval(input('输入整数 y: '))
while y % x!=0:
    x,y=y%x,x
print(x)
```

6. 在下面的程序中，当输入 60 时，程序的运行结果为(   )。

```
x = eval(input("请输入一个整数："))
t = x
i = 2
result = []
while True:
    if t==1:
        break
    if t%i==0:
        result.append(i)
        t = t/i
    else:
        i+=1
print(x,'=','*'.join([str(i) for i in result]))
```

7. 下面的程序中，当输入"Just Do It"时，程序的运行结果为(　　)。

```
s =input("请输入一个字符串: ")
d={"UPPER":0, "LOWER":0}
for c in s:
    if c.isupper():
        d["UPPER"]+=1
    elif c.islower():
        d["LOWER"]+=1
print (d["UPPER"],d["LOWER"])
```

8. 下面程序的运行结果为(　　)。

```
ls=[]
for i in range(1,11):
    ls.append(i)
ls2=[]
for i in ls:
    if int(i)%2==0:
        ls2.append(i)
print(ls2)
```

9. 运行下面的程序，输入字符串"343,44,232,345,2325,40"(不包括双引号)，程序的运行结果为(　　)。

```
data = input("输入: ")
a = data.split(",")
b = []
for i in a:
    b.append(int(i))
print(max(b))
```

10. 下面程序的运行结果为(　　)。

```
list=[3,5,4,9,6]
for i in range(4):
    for j in range(i+1,5):
        if list[i]<list[j]:
            list[i],list[j]=list[j],list[i]
print(list)
```

11. 下面程序的运行结果为(　　)。

```
num=[]
for i in range(2,10):
    for j in range(2,i):
        if i%j==0:
            break
    else:
        num.append(i)
print(sum(num))
```

12. 执行如下代码后，显示的结果为(　　)。

```
>>> a=100
>>> b=c=120
>>> a,b=b,a
>>> print(a,b,c)
```

13. 执行如下代码后，显示的结果为(　　)。

```
>>> a,b=100,200
>>> a+=10
>>> b*=10
>>> print("a+b=",a+b)
```

14. 执行如下代码后，显示的结果为(　　)。

```
>>> x=15
>>> y=12
>>> x,y=y,x+y
>>> z=x+y
>>> print(x,y,z)
```

15. 执行如下代码后，显示的结果为(　　)。

```
>>> x=5
>>> y=3
>>> 10+5**-1*abs(x-y)
```

16. 执行如下代码后，显示的结果为(　　)。

```
>>> x=5
>>> y=3
>>> 5**(1/3)/(x+y)
```

17. 执行如下代码后，显示的结果为(　　)。

```
>>> x=5
>>> y=3
>>> divmod(x,y)
```

18. 执行如下代码后，显示的结果为(　　)。

```
>>> x=5
>>> y=3
>>> int(pow(x,x/y))
```

19. 执行如下代码后，显示的结果为(　　)。

```
>>> x=5
>>> y=3
>>> round(pow(x,x/y),4)
```

20. 执行如下代码后，显示结果为(　　)。

```
>>> sum(range(0,10,2))
```

21. 执行如下代码后，显示的结果为(　　)。

```
>>> x=5
```

```
>>> y=3
>>> 100//y%x
```

22. 执行如下代码后，显示的结果为( )。

```
>>> x=5
>>> y=3
>>> x>y and x%2==0 and y%2==1
```

23. 执行如下代码后，显示的结果为( )。

```
def demo(*p):
    return sum(p)
print(demo(1,2,3))
```

24. 执行如下代码后，显示的结果为( )。

```
try:
    int(s1)
except NameError:
    print("变量未定义")
except:
    print("其他错误")
```

25. 执行如下代码后，显示的结果为( )。

```
S1 = 'Hello Python'
try:
    int(s1)
except NameError:
    print("变量未定义")
except:
    print("其他错误")
```

26. 执行如下代码后，显示的结果为( )。

```
s="Python 程序设计"
print(len(s),chr(65),ord('B'),'100'+str(200))
```

27. 程序代码如下，运行程序后，显示的结果为( )。

```
a=10
b=10
def func():
    a=100
    b=200
    c=a*b
func()
print(a,b)
```

28. 程序代码如下，运行程序后，显示的结果为( )。

```
a=10
b=10
def func():
```

```
    global a
    a=100
    b=200
    c=a*b
func()
print("a=",a,"b=",b)
```

29. 程序代码如下，运行程序后，显示的结果为(　　)。

```
def func(a,b=3):
    c=a*b
    print(c)
a=10
b=10
func(a,b)
```

30. 程序代码如下，运行程序后，显示的结果为(　　)。

```
def func(a,b=3):
    c=a*b
    print(c)
a=10
b=10
func(a)
```

31. 程序代码如下，运行程序后，显示的结果为(　　)。

```
def func(a,b):
    s=0
    for i in range(a,b):
        s=s+i
    return s

a=10
b=20
print(func(a,b))
```

32. 程序代码如下，运行程序后，显示的结果为(　　)。

```
def func(a=1,b=10):
    s=0
    for i in range(a,b):
        s=s+i
    return s
a=10
b=20
print(func())
```

33. 程序代码如下，运行程序后，显示的结果为(　　)。

```
def func(a=1,b=10):
    s=0
    for i in range(a,b):
        s=s+i
```

```
    return s
a=10
b=20
print(func(b=20))
```

34. 执行如下代码后，显示的结果为(　　)。

```
f=lambda x,y:x*y;f(3,6)
```

35. 下列表达式的值为(　　)。

```
sorted(["aa1", False, 3], key=lambda x: len(str(x)))
```

36. 下列表达式的值为(　　)。

```
sorted([100, 10, 1000], key=lambda x: len(str(x)))
```

37. 下列表达式的值为(　　)。

```
sorted(["黑色", "红色", "黄色"]
key=lambda x: len(str(x)))
```

38. 执行如下代码后，x 的值为(　　)。

```
x = [3, 22, 111],
x.sort(key=lambda x: len(str(x)), reverse=True)
```

39. 执行如下代码后，x 的值为(　　)。

```
x = [3, 22, 111]
x.sort(key=lambda x: len(str(x)), reverse=False)
```

40. 执行如下代码后，显示的结果为(　　)。

```
a=[1,2,3,4,5]
def map(x):
    for i in range(len(x)):
        x[i]+=5
map(a)
print(a)
```

五、程序填空

1. 下面代码的功能是：随机生成 50 个[1,20]之间的整数，然后统计每个整数出现的频率。请填写程序中缺少的内容。

```
import random
x = [random.___1___(1,20) for i in range(___2___)]
r = dict()
for i in x:
    r[i] = r.get(i,___3___)+1
for k, v in r.items():
    print(k, v)
```

2. 用近似公式 e=1+1/1!+1/2!+…+1/n!求自然对数的底数(即自然常数)e 的值，直到最后一项的绝对值小于 10^{-6} 为止。请填写程序中缺少的内容。

```
i=1
e=1
t=1
while (1/t>=___1___(10,-6)):
    t*=i
    e+=1/t
    ___2___
print(e)
```

3. 下面程序的功能是读取文本文件"a.txt"的前三个字符，请把程序补充完整。

```
file =_____('a.txt','r')
ret = file.read(3)
print(ret)
file._____()
```

4. 下面程序的功能是判断是否出现除数为零错误，请把程序补充完整。

```
_____:
    1/0
_____ZeroDivisionError:
    print("除数为 0 错误")
except:
    print("其他错误")
```